Bibliografische Information der Deutschen Nationalbibliothek:

Die Deutsche Bibliothek verzeichnet diese Publikation in der Deutschen Nationalbibliografie; detaillierte bibliografische Daten sind im Internet über http://dnb.d-nb.de/ abrufbar.

Impressum:

Druck und Bindung: Books on Demand GmbH, Norderstedt Germany
ISBN: 9783668374218

Dieses Buch bei GRIN:

http://www.grin.com/de/e-book/351414/reihenuntersuchung-zu-naca-profilkonturen-der-vierstelligen-serie

Michael Dienst

Reihenuntersuchung zu NACA-Profilkonturen der vierstelligen Serie

Analyse der Strömungswirklichkeit von Surfboard-Finnen

GRIN Verlag

Reihenuntersuchung zu NACA-Profilkonturen der vierstelligen Serie

Analyse zur Strömungswirklichkeit der Surfboard-Finnen

Mi. Dienst, Berlin Januar 2017

Bauteile für den Unterwasserbereich von Seefahrzeugen sollen hochfunktional und leistungsfähig sein. Leit- und Steuertragflächen nehmen hierbei eine Sonderstellung als symmetrische Bauteilkonstruktionen ein. Eine Rudertragfläche beispielsweise muss in beiden Beaufschlagungsrichtungen gleichermaßen fluiddynamisch funktionieren, was hinsichtlich der Profilauswahl auf symmetrische Konturen führt. Das gilt für die bei Seefahrzeugen üblichen, im Wasser arbeitenden, regiden Flügel, als auch für elastische Tragflächen, die erst unter Belastung ihre fluidmechanisch wirksame Gestalt annehmen.
Surfboardfinnen wurden 2016 Gegenstand meiner Betrachtungen und ich begann kleine, belastungsadaptive Finnentragflügel systematisch zu analysieren. Ich weiß nichts über das Wellenreiten (hawaiianisch: *he'e nalu*, englisch *surfing*), nur dass es in der Regel an Küsten ausgeübt und in einer gleitenden Bewegung über die Wasserfläche besteht.
Stand der Technik sind Einzelfinnen, paarige Ausführungen bis hin zu Finnen-Batterien, die als Leit- und Steuertragflächen im Bereich des Hecks von Surfboards wirksam sind. Das Manövrieren erfolgt mit körperkontrollierten, dem Board aufgeprägten Bewegungen und diese wiederum durch Gewichtsverlagerung des Surfers, respektive der Surferin. Surfboardfinnen sind aus meiner bescheidenen Sicht die wahrscheinlich elementarsten Leit- und Steuertragflächen für Seefahrzeuge überhaupt. Hierin liegt der besondere Reiz dieser Forschung, denn die im Vorhaben anzufertigenden Modelle sind zugleich Funktionsprototypen im Maßstab 1: 1. Wie sich herausstellen sollte eine nicht hoch genug zu bewertende Eigenschaft. Für die Montage von unterschiedlichen Finnen an Surfboards sehen die marktführenden Hersteller verschieden standardisierte Einbauflansche vor. Die Konstruktion besteht aus wenigen Einzelteilen. In der Regel finden wir bei einem Surfboard eine Box vor, in die der fluidmechanisch wirksame Tragflügel der Finne formschlüssig eingesteckt wird (PLUG). Die meisten Hersteller bevorzugen Flansche, die primär kraftschlüssig verbinden. Für Surfboards in Fahrt und beim Manövrieren ist

neben der hohen mechanischen Belastung der strömungsmechanisch wirksamen Bauteile die optimale und an Strömungswiderständen arme Funktionsweise entscheidend für die Fahrleistung. Grundsätzlich sind bei leistungsoptimierten Seefahrzeugen vom Stand der Technik und all ihren Bauteilen Robustheit und Anpassungsfähigkeit (Resilienz), perfekte Funktion und lange Lebensdauer bei geringem Gewicht von Bedeutung. Der Finnentragflügel wird am Finnenwurzelbereich (Plug, Base, Finnen-Sockel) form- bzw. kraftschlüssig mit einem in das Surfbrett eingelassenen Finnen-Aufnehmer (Box, Finnen-Terminal) gefügt. Hierfür bieten div. Hersteller unterschiedliche Standards an. Für die nachfolgenden Untersuchungen hatte uns unser damaliger Forschungspartner PROFFER (Wellington, NZ) das System *FUTURES* empfohlen. Unabhängig von Geometrien und Bauweisen für den Finnentragflügel, ist der Finnensockel ein standardisierter Rechteckprisma im Finnenwurzelbereich: Länge LS=114,5[mm], Sockel-Tiefe TS=15[mm], Dicke DS=7[mm].

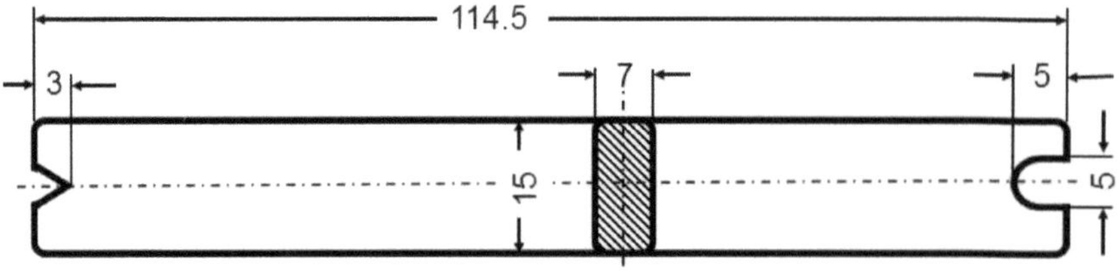

Abb. 1: Schematische Darstellung des Finnensockels in den Abmessungen des Systems *futures*[1].

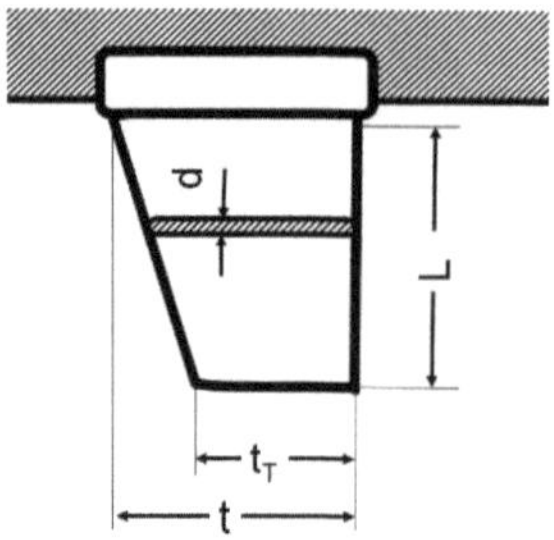

Soll nun der Sockel nicht schmaler sein als der Tragflügel selbst, ergibt sich zwangsläufig eine sehr schlanke Basis für ein Profil mit einer auf die Tragflügeltiefe t bezogenen Dicke d von d/t =6%. Für den Profilentwurf von Surfboardfinnen ist dies ein erster und entscheidender Hinweis.

Die zentralen Tragflächen der Surfbrettfinnen besitzen in der Regel symmetrische Profile. In Fahrt bilden symmetrisch profilierte Tragflächen dann ein

[1] **futures**. 5452 mcfadden ave, huntington beach, ca 92649
Support: 714-891-1695

Querkraft generierendes System, wenn die Anströmung nichtaxial erfolgt. Dabei ist die Variation des Lifts eines symmetrischen Profils über den Anstellwinkel selbst symmetrisch.
Die aus dem hydrodynamischen Auftriebsgebaren der Tragfläche resultierende Querkraft wird beim Manövrieren genutzt. Die Finne funktioniert nun als Kraft- und als Arbeitstragfläche gleichermaßen und es kommt zu einem Wechselwirkungsgeschehen, das durch Energieaustausch gekennzeichnet ist. Wie wird nun die zum Manövrieren erforderliche Energie übertragen? Krafttragflächen sind fluidmechanisch wirksame Tragflügel die dem bewegten umgebendem Fluid vornehmlich Energie entziehen; Arbeitstragflächen hingegen sind fluidmechanisch wirksame Tragflügel die vornehmlich Energie in ein umgebendes Fluid einkoppeln. Und eine Finne ist beides, kann beides tun. Das zum Lenken und Manövrieren erforderliche „Anfangsmoment" stammt aus den Körperbewegungen des Surfers, der Surferin. Sobald die Strömung an einer symmetrischen Finne einen gewissen Geschwindigkeitsanteil in Querrichtung enthält, arbeitet diese profilierte (Kraft-) Tragfläche sich in ihrer physikalischen Wirkung selbst verstärkend, also „auto-reaktiv". Diese wunderbare Eigenschaft kennzeichnet das „Wesen eines Tragflügels" und ist systeminhärent. Sie ist quasi sein Erfolgsrezept. Von der Güte einer Leit- und Steuertragfläche hängt auch die Intensität und Bandbreite dieser „wesentlichen" Eigenschaft ab. Nicht ausschließlich, aber in der überwiegenden Anzahl aller Produktentwicklungen ist eine möglichst große Intensität tragender Anteil der Entwicklungs- und Gestaltungsabsicht, des Design Intends. Die Querkraftleistung einer Kraft- und Arbeitstragfläche kennzeichnende Auftriebsgebaren einer Profilkontur wird von einer Vielzahl von Konstruktions- und Betriebs-parametern bestimmt. Neben der Querkraftleistung einer Kraft- und Arbeitstrag-fläche interessieren die Verluste im Betrieb. Im Allgemeinen setzt sich der strömungs-mechanische Widerstand einer voll getauchten Leit- und Steuerflächen aus Partialwiderständen, den Reibungs- und Formwiderstandsanteilen zusammen. Surfboardfinnen gehören zum Lateralplan und bilden mit symmetrischem Profil genau dann einen fluiddynamisch wirksamen Tragflügel aus, wenn eine nichtaxiale Anströmung gegeben ist, wie oben beschrieben. Für das Flügelende der Finnen, insbesondere den Randbogen (die Kontur des vom Surfbrettkörper abweisenden, freien Surfbrettfinnen-Flächenendes), sind unterschiedliche Formen bekannt. Liegt nun der Schwerpunkt der Entwicklungsarbeit in die Erhöhung der Querkraftleistung der Tragflügelfläche, liefert eine (größer) skalierte Tragfläche bei gleichem Strömungsprofil mehr Querkraft.
Ist die Skalierung nichtisotrop, wird etwa die Umrissgestalt und/oder der Schlankheitsgrad der Tragfläche variiert, ändert sich das Bild. Bei konstanter, gleichbleibender Tragflügelgestalt, kann der Konstrukteur Einfluss nehmen auf die Oberflächenbeschaffenheit. Für schlanke Körper wie Tragflügel, ist der

Anteil der Reibung erheblich. Reibung wird in erster Linie durch den Charakter der wandnahen Strömung bestimmt; diese kann laminar oder turbulent sein.
In Fahrt und beim Manövrieren ist die Fähigkeit einer Tragfläche entscheidend, eine nicht axiale Anströmung in Querkrafterhöhung umzusetzen. Einer symmetrischen Surfboardfinne vom Stand der Technik gelingt das gut, einer Finne mit nichtsymmetrischem Tragflügelprofil gelingt das besser (immer dann, wenn sie von der „richtigen" Seite angeströmt wird). Es ist sinnfällig, dass eine symmetrische Leit- und Steuertragfläche bestens geeignet ist, eine beidseitig Beaufschlagung auch in beide Richtungen gleicherweise zu beantworten; nennen wir es „querkraftfreien Betrieb" einer Finne beim Geradeausfahren: die neutrale Phase.
Die wenigen uns physisch vorliegenden Finnen tragen Profile, die wir nicht kennen. Für die Profile rezenter Surfboardfinnen wird in der Literatur und insbesondere bei den Praktikern auf NACA-Profilreihen verwiesen[2]; und tatsächlich weist das von einer Finne der Firma FUTURES abgeformte Profil eine hinreichende Übereinstimmung mit einem Profil aus der vierstelligen NACA-Reihe auf. Für ein Finnenprofil mit einer auf die Tragflügeltiefe t bezogenen Dicke d von d/t =6% finde ich gesicherte Leistungsdaten für das Profil NACA 0006 in der einschlägigen Literatur (vergleiche: Ira H. Abbott, Albert E. von Doenhoff: Theory of Wing Sections [Abbo-59]) und erkläre dieses Profil zum Stand der Technik von Surfboardfinnen. Gleichzeitig fungiert die Profilkontur NACA0006 als Referenzsystem in der nachfolgenden Untersuchung.

Reihenuntersuchungen

Die im Frühjahr 2016 anlaufende Forschung an nichtrigiden, elastisch-strömungsadaptiven Finnentragflügeln legte die Idee nahe, das etablierte Profil NACA 0006 zum Ausgangspunkt und zum Standard der Berliner Entwicklungen zu machen. Für die Berechnungen steht ein leistungsfähiges, auf der Potentialtheorie basierendes und mit einem Reibungsansatz erweitertes CFD-Programmsystem der Firma MH Aerotools[3] zur Verfügung, das auch graphische Darstellungen der Umströmung der untersuchten Tragflächenprofile generiert. [W-4][W-5].

---

[2] http://users.tpg.com.au/users/mpaine/thesis.html#nacadata

[3] MH Aerotools: Dr. Martin Hepperle, Braunschweig, Germany was Assistant at Prof. Dr. R. Eppler's Institute A of Mechanics at the University of Stuttgart, later Scientific staff member at the Institute of Aerodynamics and Fluid Technology at the DLR in Braunschweig. *JavaFoil* is a new implementation of the previous *CalcFoil* program, written for web pages using the "C" language.

Definition einer referentiellen NULL-Finne

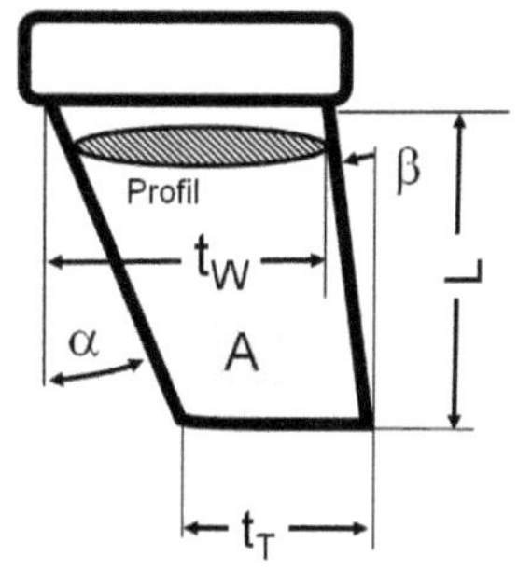

Die hier postulierte „NULL-Finne" ein fiktionales System. Niemand - außer uns - würde diese Finne bauen. Kein Surfer würde die Null-Finne unter sein Board klippen, durch die Welle pflügen oder sich gar damit am Strand zeigen.

Die NULL-Finne besitzt eine einfache, sinnfällige Tragflügelkontur (Trapez-Flügel mit mäßiger Pfeilung an der Profilvorderkante und ohne Pfeilung an der Hinterkante), ihre Gestalt ist ausgewogen, vermeidet Extrema (Schlankheitsgrad, Aspect Ratio) und ist mit RP-Technik umgehend zu fertigen. Als Terminal wählen wir das *FUTURES*-System (kurzes Plug der Center-Fin).

Vorgegebene und abhängige Geometriedaten				**NULL-Finne**
Profiltiefe (Wurzel)	t	m	0.1	0.10
Profiltiefe (Randbogen, Tip)	t_T	m	$0.7 \cdot t$	0.07
Tragflügellänge	L	m	$1.2 \cdot t$	0.12
Terminal Breite	b	m	0.07	0.07
Pfeilungswinkel vorn	α	°	α=arc tan((t-t1)/L)	16
Pfeilungswinkel hinten	β	°		0
Schlankheit (Aspect Ratio)	λ	-	$\lambda = 2 \cdot L / (t+t_T)$	1.4
laterale Tragflügelfläche	A	m^2	$(L \cdot t) - (L^2 \tan \alpha)/2$	0.0102
benetzte Tragflügelfläche	A_b	m^2	$(2 \cdot L \cdot t) - (L^2 \tan \alpha)$	0.0204
projez. Anströmfläche	A_S	m^2	$d \cdot L$	0.0072
Profildicke(Wurzel) NACA 0006	d_W	m	d_W=0.06 t	0.07
Profildicke(Tip) NACA 0006	d_T	m	d_T=0.06 t_T	0.049
Dickenrücklage NACA 0006	df	m	df=0.3t (für Wurzel)	0.03

Tabelle: Spezifikation der referentiellen NULL-Finne.

Nullfinne als LAB-Fin: LABORTRAGFLUEGEL [100] [7] [120] [70] [NACA0006] [glatt]

<u>Symbolik, abgeleitete Größen und Kennwerte in der Profilanalyse</u>

Größe	Symbol	Einheit	Beziehung
Tragflügellänge	b	[m]	
Profiltiefe (chord length, c)	t	[m]	
generalisierte x-Koordinate	x/l	[%]	
generalisierte y-Koordinate	y/l	[%]	
generalisierte (Kontur-) Geschwindigkeit	v/V	[%]	
Profildicke	d/t	[%]	
Profilwölbung	f/t	[%]	
Wölbungsrücklage	xf/t	[%]	
Nasenradius	r/t	[%]	
Hinterkantenwinkel	τ	[°]	
überströmte Fläche des Flügels	A	[m²]	$A = b \cdot t$
Seitenverhältnis (Flügel)	λ	[-]	$\lambda = A/b^2$
Auftriebsbeiwert (LIFT-Koeffizient)	C_L	[-]	
Widerstandsbeiwert (DRAG-Koeffizient)	C_d	[-]	
Momentenbeiwert MOMENT-Koeffizient)	C_m	[-]	
Druckbeiwert (pressure coefficient)	C_p	[-]	
kritischer Druckbeiwert [4]	$C_p{}^*$	[-]	
Reibungsbeiwert (local friction coefficient)	C_f	[-]	
Geschwindigkeit in [m/s],	v, w	$[ms^{-1}]$	
Schallgeschwindigkeit (speed of sound)	a	$[ms^{-1}]$	
Auftrieb, Querkraft, Lift	L	[N]	$L = c_a \cdot A \cdot v^2 \cdot \rho/2$
Formwiderstand	W_F	[N]	$W_F = c_w \cdot A \cdot v^2 \cdot \rho/2$
Reibungswiderstand	W_R	[N]	$W_R = c_r \cdot A \cdot v^2 \cdot \rho/2$
induzierter Widerstand	W_I	[N]	$W_I = c_I \cdot A \cdot v^2 \cdot \rho/2$
Beiwert glatte Oberfläche, laminar	c_r	[-]	$c_r = 1{,}327 \cdot (Re)^{-1/2}$
Beiwert glatte Oberfläche, turbulent	c_r	[-]	$c_r = 0{,}074 \cdot (Re)^{-1/5}$
Beiwert rauhe Oberfläche, turbulent[5]	c_r	[-]	$c_r = 0{,}418 \cdot (2+\lg(t/k))^{-2,53}$
Beiwert des induzierten Widerstands[6]	c_I	[-]	$c_I = \lambda\, c_a{}^2 / P$
Liftleistung	P_L	[W]	$P_L = L \cdot v$
Widerstandsleistung	P_{WI}	[W]	$P_{WI} = (W_F + W_R + W_I) \cdot v$
Konturposition	x	[m]	
Lokale Reynolds-Zahl Re_X	[-]		$Re_X = Re\delta\_2 = v_\infty \cdot x / \mathbf{n}$
Verdrängungsdicke, Grenzschichtdicke[7]	δ_1	[m]	
Grenzschichtdicke (laminar)[8] $\delta_2=$	δ_{LAM}	[m]	$\delta_{LAM} = 5{,}0 \cdot (Re_X)^{-1/2} \sim x^{1/2}$
Grenzschichtdicke (turbulent)[9]h $\delta_3=$	$\delta_{TURB.}$	[m]	$\delta_{TURB} = k(x) \cdot (Re_X)^{-1/2} \sim x^{0.8}$
Konturbeiwert (shape factor12)	H_{12}	[-]	$H_{12} = \delta_1/\delta_2$
Konturbeiwert (shape factor32)	H_{32}	[-]	$H_{32} = \delta_3/\delta_2$

ULT_{LOWER}	Umschlagpunkt, Transition: laminar-turbulent, lower surface
ULT_{UPPER}	Umschlagpunkt, Transition: laminar-turbulent, upper surface
ABP_{LOWER}	Ablösepunkt, Separation, lower surface
ABP_{UPPER}	Ablösepunkt, Separation, upper surface

---

[4] kritischer Druckbeiwert [4] (critical pressure coefficient ind. supersonic flow) $C_p{}^*$

[5] Angabe der Rauhigkeit k in [m]. z.B. gilt als glatt: k= 0,001[mm] = 10^{-3} [mm] = 10^{-6} [m].

[6] gemäß elliptischer Auftriebsverteilung nach Prandtl

[7] Grenzschichtdicke (displacement thickness) δ_1

[8] auch ImpulsverlustDicke (momentum loss thickness)

[9] Dicke der turbulenten Grenzschicht (ebene Platte) $\delta_{TURB.} = k(x)(Re_X)^{-1/2}$. Der empirische Faktor k entspricht der Ordinate k=y(x), im Falle der ebenen Platte. Auch EnergieDickenbeiwert (energy loss thickness)

Die referentielle NULL-Finne ist ein Container, der mit unterschiedlichen Profilkonturen beladen werden kann. Das originäre System besitzt eine Profilkontur aus der 4-stelligen Serie symmetrischer NACA-Profile [10] mit d/t=6[%] Durchmesser (NACA 00 06) so dass bei einer Profiltiefe von t=100 [mm] die Materialstärke am Terminal (b=6 [mm]) erreicht wird.
Die Dickenrücklage der 4-stelligen NACA-Profile ist für kleine Profildicken auf df=0.3·t determiniert. Auftrieb- und Widerstandsbeiwerte der Profilserie sind bekannt[11]. Die referentiellen NACA-Konturen entstammen der so genannten 4er-Reihe der NACA Profilserien und besitzen die Spezifikation: **NACA [Wölbung, f/t] [Wöl-bungsrücklage, xf/t][Dicke, d/t]**. Ein Profil NACA5306 der 4er-Reihe heißt eigentlich NACA 05 30 06 und besitzt eine Profildicke von 6% bei einer Wölbung von 5%, die ihr Maximum auf der Höhe von 30% der Horizontalkoordinate hat. NACA Profile der 4-stelligen Serie zeichnen sich dadurch aus, dass die Kontur y(x) durch ein Polygon 4.ten Grades angegeben wird, was – vor dem Hintergrund einer Fertigung mit RP-Techniken - die Portation der Datenfiles erleichtert. Die Konturkoordinaten entnehmen Sie bitte den Tabellen im Anhang.

Profile der Surfboardfinnen.

Grundsätzlich ist eine Strömung über festen Wänden zunächst laminar, wird dann mehr oder weniger rasch instabil und schlägt in turbulente Strömung um: Transition. Mit dem Übergang von laminarer zu turbulenter Strömung nimmt die Wandreibung erheblich zu. Es sind aber nicht alleine existierende Oberflächenstrukturen oder die Rauheit der Tragfläche, die das Umschlags-verhalten der wandnahen Strömung beeinflussen. Auch die Kontur des Tragflächenprofils, insbesondere seine Krümmung und die Änderung der Krümmung über den Strömungspfad haben Einfluss auf den Transitionsort. Die „festen Wände" der Kraft- und Arbeitstragflächen stehen in der Regel für eine mechanisch starre Form, ein deklaratorisch definiertes Profil und eine nichtflexible Kontur. Die Profile von Kraft- und Arbeitstragflächen sind in der Regel entweder definiert symmetrisch oder definiert asymmetrisch. Surfboard-finnen – im Sinn von „Leit- und Steuertragflächen kleiner Seefahrzeuge" sind beidseitig wirksame Kraft- und Arbeitstragflächen und üblicherweise aus

[10] Polygon der Profilekontur der vierstelligen NACA-Serie:
$y(x)_{NACA}=y_{MAX} \cdot (a_0 \cdot x^{1/2} + a_1 \cdot x + a_2 \cdot x^2 + a_3 \cdot x^3 + a_4 \cdot x^4)$

[11] Ira H. Abbott, Albert E. von Doenhoff: Theory of Wing Sections: Including a Summary of Airfoil Data.

Dover Publications, New York 1959,

symmetrisch profiliertem Vollmaterial. Das Tragverhalten einer Surfboardfinne im Betrieb wird durch das Auftriebs- und Widerstandsgebaren charakterisieret in einem Zustandsbereich, der sich von der auftriebslosen zentrierten Anströmung bis hin zu einer degenerierten Umströmung der Finne erstreckt. Kommt es bei einer Tragflächenumströmung zu einem Ablösen der konturnahen Strömungsschicht, spricht man von Strömungsabriss (engl.: stall). Es kann sich um die Ablösung einer laminaren oder einer turbulenten Strömung handeln. Mit dem Strömungsabriss verändert sich auch (schlagartig) das Auftriebsgebaren der Profilkontur. Den entscheidenden (nicht einzigen) Einfluss auf das Stallverhalten symmetrisch profilierter Kraft- und Arbeitstragflächen nimmt der Anstellwinkel des Profils in der Strömung. Bei den hier betrachteten Surfboardfinnen sind die Relativgeschwindigkeit klein gegenüber der Schallgeschwindigkeit und wir gehen davon aus, dass Surfboardfinnen Tragflügel sind, die im Medium Wasser arbeiten, so dass Inkompressibilität des Fluids angenommen wird. Es gilt für inkompressible, stationäre viskositätsfreie Strömung konstanter Dichte und Rotorfreiheit (in einem Gebiet das keine Wirbel enthält), dass die Summe aus dem Quadrat der Geschwindigkeit und dem Quotient aus Druck und Dichte konstant ist.

Das Erklärungsmodell Euler. Tatsächlich resultiert die Auftriebskraft einer Surfboardfinne aus der Superposition einer Translations- und einer Zirkulationsströmung. Betrachtet man einen Profilschnitt einer unter kleinem Anstellwinkel angeströmten ortsfesten Leitfläche (Eulerszenario), so erscheint die Zirkulation an der Leeseite in Anströmrichtung, auf der Luvseite entgegen der Anströmrichtung (Lee: der Strömung abgewandt; Luv: die der Strömung zugewandte Seite eines Strömungskörpers). Die Superposition führt zu einer verlangsamenden Strömung auf der Luvseite und zu einer Beschleunigung in Lee. Kontinuitätsbeziehung und bernoullische Argumentation wiederum führen zu einem relativen Überdruckgebiet an der Luv- und einem relativen Unterdruckgebiet an der Leeseite und zum erwarteten Auftriebsgebaren der Leitfläche. Die Entstehung der Zirkulationsströmung ihrerseits kann erklärt werden derart, dass die Viskosität des Fluids in der Grenzschicht zu einer vertikale Scherung der Horizontalströmung führt. Bei kleinen Krümmungen hat die Strömung die Tendenz, in Strömungsrichtung der Kontur eines Profils zu folgen. Direkt an der Konturlinie ist die Geschwindigkeit Null. Mit zunehmendem Abstand von der Profilkontur (in der Grenzschicht) wird die Geschwindigkeit größer, bis sie die Fluidgeschwindigkeit der Außenströmung erreicht. Durch diese Scherung hat das Fluid in der Grenzschicht eine Wirbelstärke. Die Viskosität des Fluids bewirkt Kräfte, durch die die Geschwindigkeiten benachbarter Stromlinien angeglichen, sowie die Wirbelstärke homogenisiert werden. Verlässt nun ein Teilchen mit seiner Wirbelstärke wegen der gebogenen Kontur

die Grenzschicht tangential, wird die Viskosität die Scherung des Geschwindigkeitsfeldes homogenisieren und die Wirbelstärke bleibt auf einem mittleren Wert. Mangels Scherung erzwingt sie eine gekrümmte Trajektorie in Richtung zurück zur Konturlinie. Als Gegenkraft hierzu verringert sich der Druck an der Kontur. Dieser niedrige Druck beschleunigt auch Fluid oberhalb der Grenzschicht nach unten. Der Druck ist niedriger als der Druck entlang der Profillinie stromaufwärts. Deshalb wird die Strömung auch tangential über die Profilkontur nach hinten beschleunigt. Betrachten wir hierzu einen gut untersuchten Anströmzustand unter einem mäßigen Anströmwinkel:
Anstellwinkel und Geometrie (Kontur) des fluidmechanisch wirksamen Finnenprofils erzwingen eine Richtungsänderung der Stromlinien des anströmenden Fluids. Bewegte sich nun das betrachtete Fluidvolumen infolge der Massenträgheit auf einer geraden Linie fort, würde sich die Entfernung zur (Stör-) Kontur des Finnenprofils sofort vergrößern und somit ein Gebiet niedriger Dichte entstehen, was wir in unseren Betrachtungen über ein inkompressibles Fluid aber gerade ausschließen möchten. Also erzwingt die Bedingung konstanter Fluiddichte einen Druckgradienten entlang der betrachteten Stromlinie um das Hindernis herum. Nahe der Profilkontur kommt es zur Ausbildung der Grenzschicht. Durch die Scherkräfte in der Grenzschicht folgt das Fluid der Kontur des Profils. Mit zunehmender Entfernung vom Profil nimmt die Ablenkung der (ferneren laminaren) Strömung ab. Generiert die Krümmung der Stromlinien einen Druckgradienten, so führt die Kontinuitätsbeziehung und bernoullische Argumentation wieder zu einem relativen Überdruckgebiet an der Luv- und einem relativen Unterdruckgebiet an der Leeseite und zum Auftriebsgebaren der Finnentragfläche.

Impulsänderung. Die Finne, der räumliche dreidimensionale Tragflügel, muss durch eine unsymmetrische Umströmung die zur Entstehung der Querkraft notwendige Zirkulation selbst erzeugen. Analog zur Kreisumströmung entsteht bei Tragflügelprofilen die dynamische Querkraft (Auftrieb, Lift) nur dann, wenn eine gleich große vertikale Impulsänderung erfolgt. Diese Impulsänderung wird erreicht, indem die Finnentragfläche, bzw. ihr Tragflächenprofil das Fluid (radial) ablenkt. Das Tragflügelprofil muss also so gestaltet und im Betrieb entsprechend "angestellt" sein, dass es aus der Anströmsituation eine für die Querkrafterzeugung notwendige Zirkulation erzeugen kann. In einer potentialtheoretischen Analyse (siehe unten) werden zunächst zwei "Staupunkte“ identifiziert: einen bugwärtigen und hechwärtigen Staupunkt. Eine scharfe Profilhinterkante bewirkt, dass das Tragflügelprofil von unten herkommend nach oben bis zum hinteren, auf der Profiloberseite liegenden Staupunkt umströmt werden muss. Diese Umströmung einer scharfen Hinterkante führt (theoretisch) zu einer plötzlichen Änderung der

Geschwindigkeitsrichtung; eine sehr große Beschleunigung der Strömung. Die anfängliche hintere Umströmung ist nicht stabil und kann daher nicht lange bestehen. Dies hat zur Folge, dass die Strömung an der Hinterkante sehr rasch ablöst. Gleichzeitig bildet sich ein Wirbel durch das Aufrollen einer sich ablösenden Grenzschicht. Dieser sogenannte „Anfahrwirbel" schwimmt mit der Strömung nach hinten ab. Theoretisch ist die Gesamtzirkulation (jetzt) im Gleichgewicht (Satz von Thompson), die Summe aller Zirkulationen ist Null. Dies hat zur Folge, dass sich um das Tragflügelprofil herum ein zweiter, entgegengesetzt drehender Wirbel bildet. Dieser nunmehr gebundene Wirbel stellt die notwendige Zirkulation um den Tragflügel her: Er entsteht somit aus der vom Profil der Finne verursachten unsymmetrischen Umströmung, bei der das Fluid auf der Unterseite verzögert und auf der Oberseite des Profils beschleunigt wird. Dieses plakative Bild, bei dem die Strömung auf der Unterseite verzögert und auf der Oberseite des Profils beschleunigt wird, ist das mühsam errungene Arbeitsergebnis eines langen Argumentationspfades und wird in seiner Kurzform gerne in der Lehre eingesetzt. Nur falls mal jemand danach fragt.

Druckverteilung. Das gegenüber dem herrschenden Normaldruck relative Unterdruckgebiet auf der Profilkonturoberseite und das gegenüber dem herrschenden Normaldruck relative Überdruckgebiet auf der Profilkonturunterseite repräsentieren das Auftriebs- bzw. Querkraftgebaren (Lift) des Tragflügelprofils der Surfboardfinne. Dabei trägt relative Unterdruckgebiet auf der Profilkonturoberseite wesentlich zur Gesamtquerkraft bei. Der Druckgradient korreliert nach der Energiegleichung (Bernoulli) mit der Geschwindigkeit und deren Änderung an der Profilkontur. Die Strömung hat grundsätzlich die Tendenz, der Profilkontur zu folgen. Den größten Einfluss auf die Eigenschaften des Profils einer Leit- und Steuertragfläche respektive Surfboardfinne haben die Profilwölbung und die Wölbungsrücklage der Kontur, die maximale Profildicke und ihr Gradient, die Änderung der Profildicke entlang der Profilsehne, desweiteren der Nasenradius und die Gestalt der Profilhinter-kante, das Lead-Out. Der maximale Auftrieb wird also von der Wölbung, dem Nasenradius und der Dicke der Kontur bestimmt. Weshalb dies so ist, kann man an der Kurve des Geschwindigkeitsgradienten über die Profilkontur aufgetragen, ablesen. Die Berechnung wurde für das für Surf-Finnen relevante Profil NACA 0006 durchgeführt.

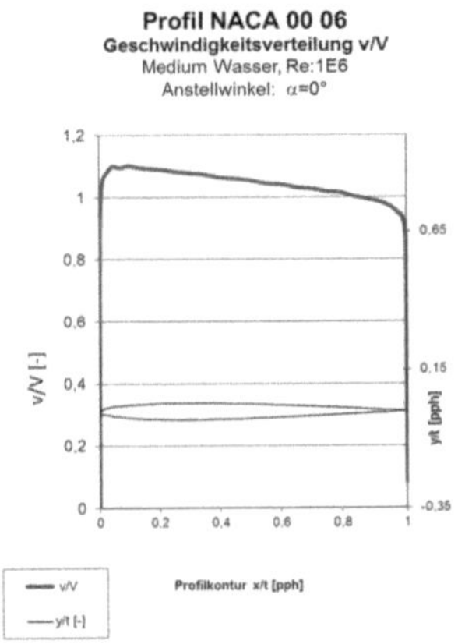

Das Diagramm zeigt die Geschwindigkeitsverteilung an der Profiloberseite. Bei einem symmetrischen Profil und einem Anströmwinkel von a=0° ist natürlich der Gradient symmetrisch. Wir sehen in dieser Graphik einen plötzlichen Anstieg der konturnahen Geschwindigkeit an der Profilspitze und einen gleichmäßigen Zuwachs der (auf die Umgebungsgeschwindigkeit V= $\mathbf{v_\infty}$ bezogenen) Geschwindigkeit v/V; zum Profilende hin verschwindet der Gradient. Das Profil NACA 0006 besitzt seine maximale Dickenrücklage bei 30% der Profiltiefe. Etwa an diesem Ort ist die konturnahe Geschwindigkeit v = v(x) gleich der Geschwindigkeit v∞.

Dieser Punkt ist markant. Wir erinnern uns, dass für inkompressible Strömungen ($\rho=\rho_\infty$) zwischen der konturnahen Geschwindigkeit v(x) und dem (über x variablen) Druckkoeffizienten $c_p=c_p(x)=p(x)/p_0$ eine Beziehung (Bernoulli) zur Systemgeschwindigkeit $V=v_\infty$ herrscht:

$$\text{Druckgradient } c_p(x) = p(x)/p_0 = c_p(x) = 1-(v(x)/v_\infty)^2$$

An dem Ort, an dem v(x) = $\mathbf{v_\infty}$ herrscht, besitzt auch der Druckgradient $c_p(x)$ einen Nulldurchgang. Dies wird bei der Betrachtung der (konturnahen) Grenzschicht eine Rolle spielen.

Verlauf und Intensität der Druckverteilung sind maßgeblich für die Leistungsfähigkeit der Profilkontur. Bei der Profilanalyse führt also der erste Weg zum Geschwindigkeitsgradienten. Druck- und Geschwindigkeitsgradient funktionieren wie eine sehr feine „Linse" mit der die Krümmung der Kontur, also die Profilwölbung an jeder Stelle, die Wölbungsrücklage, der Ort der maximalen Profildicke und (natürlich) die Änderung der Profildicke entlang der Profilsehne ultragenau untersucht werden kann.

Der mit diesem Instrument untersuchte Verlauf der Kurve und die Glattheit[12] höherer Ordnung der Kurve $(v(x)/v_\infty)^2$ kann Gegenstand einer klassischen „Kurvendiskussion" werden immer dann, wenn sich der Konstrukteur für den rekursiven Weg entscheidet und die Formfindung über die höheren Ableitungen (die Krümmung der Krümmung) der Gradientenkurve (v/v_∞) triggert. Eingebettet in eine Optimierungsumgebung spricht man derzeit viel von Konstruktionsautomatismen auf der Basis physikalischer Modelle. In der Gestaltungspraxis - und hier in besonderer Weise bei der Optimierung von

[12] Die Kurve $(v(x)/V)^2$ (quadratische Form) wird im Diagramm nicht dargestellt.

Seefahrzeugen - hat sich für diese Herangehensweise[13] der Begriff des „parametrischen Designs“ etabliert; eine Methode, die den tradierten Konstruktionsprozess quasi auf den Kopf stellt und der die Zukunft gehört, wenn es um „resiliente“ Gestaltung gehen wird (... Create Robust Variable Geometry, RVG). Dazu später mehr, wenn von „Reverse Design“ als eine Methode des Downsizing die Rede sein wird.

Fluidmechanische Berechnungen nach der Potentialtheorie stehen gerade dieser Tage wieder in der Kritik der Strömungsexperten. Aber, so kann zusammenfassend gesagt werden, gerade weil diese Berechnungsmethoden auf Geschwindigkeitsverteilungen AUF der Profilkontur führen (was natürlich ohne Realitätsbezug ist) stellt die Kurve $(v(x)/v_\infty)^2$ ein perfektes artifizielles Untersuchungsinstrument für zukünftige (wenn auch vielleicht ein wenig „schmutzige“) Konstruktionsmethoden dar.

Betrachten wir nun den Verlauf der Auftriebs- und Widerstandsbeiwerte typischer und möglicher Profile für Surfboardfinnen zu. Die wenigen Proben „realer“ Finnen, die uns physisch vorliegen, tragen Profile, die wir nicht kennen. In der Szene wird in der Regel auf NACA-Profile verwiesen und tatsächlich weist das von einer Finne der Firma FUTURES abgeformte Profil eine (hinreichend überzeugende) Ähnlichkeit mit dem Profil NACA0006 auf. Ich erkläre dieses Profil nun hier zum Stand der Technik, wohl wissend dass es an der Kontur gewisse Abweichungen, ja Ungereimtheiten existieren, die gegebenenfalls vom Hersteller sogar erwünscht sind. Vielleicht sind es Alleinstellungsmerkmale, vielleicht ist das zur Anwendung kommende Tragflügelprofil einfach eine den Fertigungs- und/oder Festigkeitsbelangen geschuldete Profilkontur. Wir wissen es nicht. Das Profil NACA0006 ist natürlich schon alleine dadurch ungemein sympathisch, weil wir ausser über gesicherte Messdaten auch über einen ausreichend fein diskretisierten Datensatz seiner Kontur verfügen[14]. Ein Gegenstand der weiteren Überlegungen und Untersuchungen werden sogenannte „händische“ Profilkonturen sein.

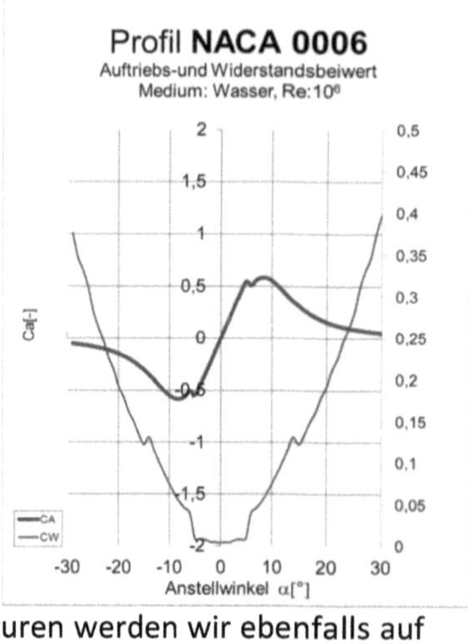

Für diese nichtsymmetrischen, gekrümmten Konturen werden wir ebenfalls auf

[13] https://www.caeses.com/ CAESES® (formerly known as FRIENDSHIP-Framework) could be the perfect solution for Ship Design. CAESES® stands for “CAE system empowering simulation” and enables engineers to design optimal products.

[14] Ira H. Abbott, Albert E. von Doenhoff: Theory of Wing Sections: Including a Summary of Airfoil Data. Dover Publications, New York 1959.

den NACA-Standard zurückgreifen, weswegen uns ihre „undeformierten Varianten“ an dieser Stelle mehr interessieren, als urheberrechtliche Fragen[15].
Das Profil NACA 0006 scheint nach einem ersten Blick auf die Liftbeiwerte der Kontur nicht besonders leistungsfähig zu sein. Aber dennoch: Der Formwiderstand besitzt im Bereich kleiner Anströmwinkel $\{-5 < \alpha < 5\}$ eine deutlich ausgeprägte Delle, die bei Geradeausfahrt des Boards einen geringen Widetrstand verspricht. Dies können wir auf der positiven Seite verbuchen. Negativ ist der geringe Auftriebskoeffizient, dessen Maximum unterhalb der α=10° Marke aufzufinden ist. Weshalb man sich überhaupt für ein derartiges Profil entscheidet, ist in den Standardisierungs- und Fertigungsbelangen der Hersteller zu suchen. Bei einer Profiltiefe von maximal 115 [mm] der Standardfinne (Hersteller *FUTURES*) liefert ein NACA-Profil mit d/t=6% Konturdicke an der Flügelwurzel eine Bauteildicke von 6.9 [mm]. Das Terminal der zentralen, symmetrischen *FUTURES*-Finne bietet Raum für Plugs von maximal 7[mm] Dicke. So einfach ist das (wahrscheinlich).
Sobald dieses Profil aber eine - auch nur geringe - Konturwölbung annimmt, werden durchaus beachtliche Liftbeiwerte von $c_L > 1.5$ [-] erreicht. Würde sich durch irgendeinen – nennen wir ihn mal „bionischen Adaptions-Trick“ – bei Leistungsähnlichkeit die Finne geometrisch herabskalieren lassen, wären vielleicht auch spezifische Konturdicken von d/t > 6 % realisierbar. Das geht auf theoretische Überlegungen hinaus, insbesondere den potentialtheoretischen Berechnungen, dargestellt im Diagram der Krümmungsvariationen an NACA-Profilen der 4er-Reihe. auf dieser Seite. Auf genau derartige Phänomene der fluidmechanischen Verformungsadaption und einem Downsizing auf deren Grundlage, zielt unsere Argumentation in diesem Aufsatz.

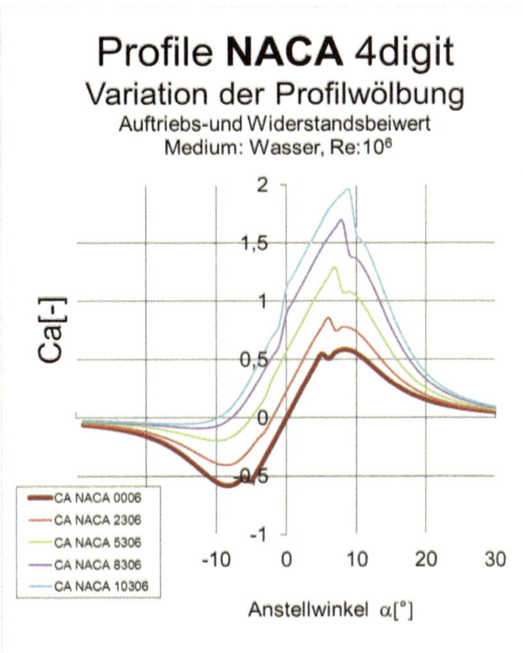

[15] Firmenspezifische (und uns unbekannte) Modifikationen standardisierter NACA-Profilkonturen.

NACA-Profile unverformt und deformiert							
	f/t [%]	xf/t [%]	d/t [%]	a_{STALL} [°]	C_A [-]	C_W [-]	
NACA 0006	0	0	6	8	0,583	0,0533	neutral
NACA 2306	2	30	6	6	0,859	0,0107	verformt 2%
NACA 5306	5	30	6	7	1,285	0,0147	verformt 5%
NACA 8306	8	30	6	8	1,684	0,0199	verformt 8%
NACA 10306	10	30	6	9	1,950	0,0258	verformt 10%
DOWNSIZE & d_{opt}							
NACA 0009	0	0	9	9	0,914	0,0134	neutral
NACA 8309	8	30	9	11	1,895	0,0296	verformt 8%
NACA 10309	10	30	9	11	2,133	0,0341	verformt 10%

Die systematische fluidmechanische Analyse krümmungsverformter NACA-Profilkonturen ist im Anhang niedergelegt.

Bibliographie und weiterführende Literatur

[Abbo-59] Ira H. Abbott, Albert E. von Doenhoff: Theory of Wing Sections: Including a Summary of Airfoil Data. Dover Publications, New York 1959.

[BaNe-98] Barthlott, W.; Neinhuis, C.: Lotusblumen und Autolacke – Ultrastruktur pflanzlicher Grenzflächen und biomimetische unverschmutzbare Werkstoffe. Biona Report 12, Schriftenreihe der Wissenschaften und der Literatur, Mainz. Gustav Fischer-Verlag, Stuttgart 1998.

[Bann-02] Bannasch, Rudolph. Vorbild Natur. In: design report 9/02, S.20ff. Blue. C Verlag Stuttgart: 2002.

[Bapp-99] Bappert, R. Bionik, Zukunftstechnik lernt von der Natur. SiemensForum München/Berlin und Landesmuseum für Technik und Arbeit in Mannheim (Herausgeber): 1999

[Bech-93] Bechert, D.W.: Verminderung des Strömungswiderstandes durch bionische Oberflächen. In: VDI-Technologieanalyse Bionik, S. 74 – 77. VDI-Technologiezentrum Düsseldorf 1993.

[Bech-97] Bechert, D.W., Biological Surfaces and their Technological Application. 28th AIAA Fluid Dynamics Conference: 1997

[Cal-84] Calder, W.A. (1984) Size, Function and Life History. Harvard University Press. Cambridge 431pp.

[Die13-3] Dienst, Mi.(2013) Reihenuntersuchung zu Profilkonturen für Leit- und Steuerflächen von Seefahrzeugen. Datenreihe ERpL2050. GRIN-Verlag GmbH München, ISBN 978-3-656-47215-5

[Die11-4] Dienst, Mi.(2011) Methoden in der Bionik. Die Reynoldsbasierte Fluidische Fitness. GRIN-Verlag GmbH München.

[Die09-4] Dienst, Mi.(2009) Physical Modelling driven Bionics. GRIN-Verlag München.

[DUB-95] Dubbel, Handbuch des Maschinenbaus, Springer Verlag Berlin, 15.Auflage 1995.

[Eppl-90] Richard Eppler: Airfoil Design and Data. Springer, Berlin, New York 1990.

[Fli-02] Flindt, R. (2002) Biologie in Zahlen Berlin: Spektrum Akademischer Verl.

[Fren-94] French, M.: Invention and Evolution: design in nature and engineering. Cambridge University Press. Cambridge 1994.

[Fren-99] French, M.: Conceptual Design for Engineers. Berlin, Heidelberg, New York, London, Paris, Tokio: Springer: 1999

[Gel-10] Produktinformation, 05 2010, GELITA 69412 Eberbach. www.gelita.com

[Guen-98] Günther, B., Morgado, E. (1998) Dimensional analysis and allometric equations concerning Cope's rule. Revista Chilena de Historia Natural 71: 331-335, 1989

[Gör-75] Görtler, H. Diemensionsanalyse. Berlin Springer 1975

[Gorr-17] Edgar Gorrell, S. Martin: Aerofoils and Aerofoil Structural Combinations. In: NACA Technical Report. Nr. 18, 1917.

[Guen-66] Günther, B., Leon, B. (1966) Theorie of biological Similarities, nondimensional Parameters and invariant Numbers. Bulletin of Mathematical Biophysics Volume 28, 1966.

[Gutm-89] Gutmann, W.: Die Evolution hydraulischer Konstruktionen. Verlag W. Kramer: Frankfurt am Main, 1989.

[Hüt-07] Hütte, 2007, 33. Auflage, Springer Verlag. S.E147

[Hux-32] Huxley, J.S. (1932) Problems of relative Growth. London: Methuen.

[Katz-01] Joseph Katz, Allen Plotkin: Low-Speed Aerodynamics (Cambridge Aerospace Series) Cambridge University Press; 2 edition (2001)

[Liao-03] Liao, J.C.; Beal, D.; Lauder, G.; Triantayllou, M. Fish Exploting Vortices Decrease Muscle Activty. In: Science 2003, S. 1566-1569. AAAS. 2003.

[Matt-97] Mattheck, C.: Design in der Natur. Rombach Verlag. Freiburg 1997.

[Mial-05] B. Mialon, M. Hepperle: "Flying Wing Aerodynamics Studies at ONERA and DLR", CEAS/KATnet Conference on Key Aerodynamic Technologies, 20.-22. Juni 2005, Bremen.

[Nac-01] Nachtigall, W. (2001) Biomechanik. Braunschweig: Vieweg Verlag.

[Nach-98] Nachtigall, W. : Bionik – Grundlagen und Beispiele für Ingenieure und Naturwissenschaftler. Springer-Verlag, Berlin-Heidelberg-New York 1998.

[Nach-00] Nachtigall, Werner; Blüchel, Kurt. Das große Buch der Bionik. Stuttgart: Deutsche Verlags Anstalt: 2000.

[PaBe-93] Pahl. G.; Beitz, W.: Konstruktionslehre, 3.Auflage. Berlin-Heidelberg-New York-London-Paris-Tokio: Springer 1993

[Pflu-96] Pflumm, W. (1996) Biologie der Säugetiere. Berlin: Blackwell Wissenschaftsverlag.

[Rech-94] Rechenberg, Ingo. Evolutionsstrategie'94. Frommann-Holzoog Verlag. Stuttgart: 1994.

[Schü-02] Schütt, P., Schuck, H-J., Stimm, B. (2002) Lexikon der Baum- und Straucharten. Nikol, Hamburg, ISBN 3-933203-53-8

[Tho-59] Thompson, D'Arcy, W. (1959) On Growth and Form. London: Cambridge University Press. (Neuauflage der Originalschrift 1907)

[Tho-92] Thompson, D W., (1992). *On Growth and Form*. Dover reprint of 1942 2nd ed. (1st ed., 1917). ISBN 0-486-67135-6

[Tria-95] Triantafyllou, M.: Effizienter Flossenantrieb für Schwimmroboter. In: Spektrum der Wissenschaft 08-1995, S. 66–73. Spektrum der Wissenschaft- Verlagsgesellschaft mbH, Heidelberg 1995.

[Zie - 72] Zierep, J. (1972) Ähnlichkeitsgesetze und Modellregeln der Strömungslehre.

[W-1] http://de.wikipedia.org/wiki/Profil (abgerufen 04042016)

[W-2] The Airfoil Investigation Database, http://www.worldofkrauss.com/foils/578 (abgerufen 04042016)

[W-3] UIUC Airfoil Coordinates Database, (abgerufen 04042016) http://www.ae.illinois.edu/m-selig/ads/coord_database.html

NACA 0006 Re 1000000 Wasser

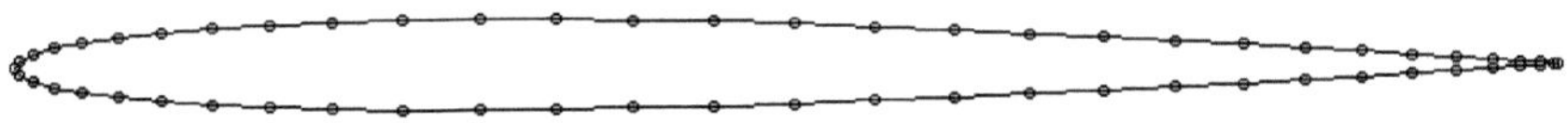

x/l	y/l	v/V	δ_1	δ_2	δ_3	Reδ_2	C_f	H_12	H_32	Zust.	y1
[-]	[-]	[-]	[-]	[-]	[-]	[-]	[-]	[-]	[-]	[-]	[%]
1,0000	0,0000	0,0838	0,010795	0,002857	0,005641	24,0	0,0000	3,7791	1,9749	abgel.	0,0000
0,9973	0,0002	0,8673	0,010795	0,002857	0,005641	247,8	0,0000	3,7791	1,9749	turb.	0,0000
0,9891	0,0008	0,9292	0,006031	0,002981	0,004650	282,2	0,0019	2,0234	1,5601	turb.	0,0323
0,9755	0,0017	0,9469	0,005310	0,002733	0,004306	264,0	0,0022	1,9432	1,5758	turb.	0,0302
0,9568	0,0030	0,9662	0,004960	0,002557	0,004032	250,6	0,0022	1,9398	1,5766	turb.	0,0299
0,9330	0,0046	0,9801	0,004895	0,002440	0,003816	241,3	0,0020	2,0058	1,5638	turb.	0,0313
0,9045	0,0064	0,9889	0,004983	0,002334	0,003597	232,6	0,0017	2,1348	1,5412	turb.	0,0343
0,8716	0,0084	0,9964	0,008372	0,002235	0,003390	224,4	0,0002	3,7452	1,5164	lam.	0,0988
0,8346	0,0106	1,0039	0,006246	0,002087	0,003214	211,9	0,0012	2,9930	1,5400	lam.	0,0415
0,7939	0,0130	1,0155	0,006314	0,002034	0,003120	207,1	0,0010	3,1043	1,5340	lam.	0,0450
0,7500	0,0153	1,0184	0,005634	0,001923	0,002969	197,5	0,0014	2,9302	1,5439	lam.	0,0382
0,7034	0,0177	1,0270	0,005524	0,001851	0,002852	190,9	0,0013	2,9841	1,5405	lam.	0,0391
0,6545	0,0200	1,0313	0,004839	0,001726	0,002681	179,7	0,0018	2,8038	1,5532	lam.	0,0331
0,6040	0,0223	1,0414	0,004792	0,001656	0,002561	173,0	0,0017	2,8935	1,5464	lam.	0,0347
0,5523	0,0243	1,0445	0,004231	0,001534	0,002388	161,7	0,0022	2,7587	1,5569	lam.	0,0304
0,5000	0,0262	1,0544	0,003933	0,001436	0,002239	152,3	0,0024	2,7377	1,5588	lam.	0,0291
0,4477	0,0277	1,0601	0,003764	0,001349	0,002097	143,6	0,0023	2,7901	1,5543	lam.	0,0293
0,3960	0,0288	1,0643	0,003278	0,001227	0,001919	131,8	0,0030	2,6728	1,5647	lam.	0,0258
0,3455	0,0296	1,0744	0,003026	0,001129	0,001766	121,8	0,0032	2,6793	1,5641	lam.	0,0250
0,2966	0,0298	1,0783	0,002753	0,001028	0,001607	111,3	0,0035	2,6790	1,5641	lam.	0,0239
0,2500	0,0295	1,0833	0,002408	0,000917	0,001438	99,9	0,0042	2,6267	1,5691	lam.	0,0218
0,2061	0,0287	1,0898	0,002156	0,000818	0,001283	89,4	0,0047	2,6355	1,5682	lam.	0,0207
0,1654	0,0273	1,0925	0,001873	0,000711	0,001115	78,0	0,0053	2,6341	1,5683	lam.	0,0193
0,1284	0,0254	1,0965	0,001521	0,000597	0,000941	65,8	0,0071	2,5496	1,5774	lam.	0,0168
0,0955	0,0230	1,1020	0,001326	0,000506	0,000794	55,4	0,0077	2,6212	1,5696	lam.	0,0162
0,0670	0,0200	1,0955	0,000965	0,000385	0,000610	42,4	0,0118	2,5037	1,5830	lam.	0,0130
0,0432	0,0167	1,1006	0,000727	0,000289	0,000458	31,2	0,0159	2,5111	1,5821	lam.	0,0112
0,0245	0,0129	1,0790	0,000425	0,000181	0,000290	19,1	0,0322	2,3488	1,6034	lam.	0,0079
0,0109	0,0089	1,0531	0,000205	0,000092	0,000149	5,3	0,1355	2,2352	1,6202	lam.	0,0038
0,0027	0,0046	0,9044	0,000158	0,000070	0,000114	0,7	0,0001	2,2364	1,6200	lam.	0,1414
0,0000	0,0000	0,0000	0,000001	0,000000	0,000001	0,0	0,0000	2,2364	1,6200	lam.	0,0000
0,0027	-0,0046	0,9044	0,000158	0,000070	0,000114	0,7	0,0001	2,2364	1,6200	lam.	0,1414
0,0109	-0,0089	1,0531	0,000205	0,000092	0,000149	5,3	0,1355	2,2352	1,6202	lam.	0,0038
0,0245	-0,0129	1,0790	0,000425	0,000181	0,000290	19,1	0,0322	2,3488	1,6034	lam.	0,0079
0,0432	-0,0167	1,1006	0,000727	0,000289	0,000458	31,2	0,0159	2,5111	1,5821	lam.	0,0112
0,0670	-0,0200	1,0955	0,000965	0,000385	0,000610	42,4	0,0118	2,5037	1,5830	lam.	0,0130
0,0955	-0,0230	1,1020	0,001326	0,000506	0,000794	55,4	0,0077	2,6212	1,5696	lam.	0,0162
0,1284	-0,0254	1,0965	0,001521	0,000597	0,000941	65,8	0,0071	2,5496	1,5774	lam.	0,0168
0,1654	-0,0273	1,0925	0,001873	0,000711	0,001115	78,0	0,0053	2,6341	1,5683	lam.	0,0193
0,2061	-0,0287	1,0898	0,002156	0,000818	0,001283	89,4	0,0047	2,6355	1,5682	lam.	0,0207
0,2500	-0,0295	1,0833	0,002408	0,000917	0,001438	99,9	0,0042	2,6267	1,5691	lam.	0,0218
0,2966	-0,0298	1,0783	0,002753	0,001028	0,001607	111,3	0,0035	2,6790	1,5641	lam.	0,0239
0,3455	-0,0296	1,0744	0,003026	0,001129	0,001766	121,8	0,0032	2,6793	1,5641	lam.	0,0250
0,3960	-0,0288	1,0643	0,003278	0,001227	0,001919	131,8	0,0030	2,6728	1,5647	lam.	0,0258
0,4477	-0,0277	1,0601	0,003764	0,001349	0,002097	143,6	0,0023	2,7901	1,5543	lam.	0,0293
0,5000	-0,0262	1,0544	0,003933	0,001436	0,002239	152,3	0,0024	2,7377	1,5588	lam.	0,0291
0,5523	-0,0243	1,0445	0,004231	0,001534	0,002388	161,7	0,0022	2,7587	1,5569	lam.	0,0304
0,6040	-0,0223	1,0414	0,004792	0,001656	0,002561	173,0	0,0017	2,8935	1,5464	lam.	0,0347
0,6545	-0,0200	1,0313	0,004839	0,001726	0,002681	179,7	0,0018	2,8038	1,5532	lam.	0,0331
0,7034	-0,0177	1,0270	0,005524	0,001851	0,002852	190,9	0,0013	2,9841	1,5405	lam.	0,0391
0,7500	-0,0153	1,0184	0,005634	0,001923	0,002969	197,5	0,0014	2,9302	1,5439	lam.	0,0382
0,7939	-0,0130	1,0155	0,006314	0,002034	0,003120	207,1	0,0010	3,1043	1,5340	lam.	0,0450
0,8346	-0,0106	1,0039	0,006246	0,002087	0,003214	211,9	0,0012	2,9930	1,5400	lam.	0,0415
0,8716	-0,0084	0,9964	0,008372	0,002235	0,003390	224,4	0,0002	3,7452	1,5164	lam.	0,0988
0,9045	-0,0064	0,9889	0,004983	0,002334	0,003597	232,6	0,0017	2,1348	1,5412	turb.	0,0343
0,9330	-0,0046	0,9801	0,004895	0,002440	0,003816	241,3	0,0020	2,0058	1,5638	turb.	0,0313
0,9568	-0,0030	0,9662	0,004960	0,002557	0,004032	250,6	0,0022	1,9398	1,5766	turb.	0,0299
0,9755	-0,0017	0,9469	0,005310	0,002733	0,004306	264,0	0,0022	1,9432	1,5758	turb.	0,0302
0,9891	-0,0008	0,9292	0,006031	0,002981	0,004650	282,2	0,0019	2,0234	1,5601	turb.	0,0323
0,9973	-0,0002	0,8673	0,010795	0,002857	0,005641	247,8	0,0000	3,7791	1,9749	turb.	0,0000
1,0000	0,0000	0,0838	0,010795	0,002857	0,005641	24,0	0,0000	3,7791	1,9749	abgel.	0,0000

α	Ca	Cw	Cm 0.25		T.U.	T.L.	S.U.	S.L.	GZ	N.P.	D.P.
[°]	[-]	[-]	[-]	[-]	[-]	[-]	[-]	[-]	[-]	[-]	
-29,0	-0,057	0,37586		0,008	0,996	0,003	1,000	0,024	-0,152	0,215	0,392
-28,0	-0,063	0,34719		0,008	0,996	0,003	1,000	0,023	-0,181	0,219	0,376
-27,0	-0,069	0,33173		0,008	0,996	0,003	1,000	0,024	-0,209	0,222	0,362
-26,0	-0,077	0,31185		0,008	0,995	0,003	1,000	0,023	-0,246	0,222	0,348
-25,0	-0,085	0,28224		0,007	0,995	0,002	1,000	0,023	-0,302	0,225	0,336
-24,0	-0,095	0,26272		0,007	0,995	0,002	1,000	0,023	-0,362	0,229	0,324
-23,0	-0,107	0,24683		0,007	0,995	0,002	1,000	0,023	-0,433	0,230	0,314
-22,0	-0,120	0,22597		0,007	0,994	0,002	1,000	0,022	-0,532	0,233	0,305
-21,0	-0,136	0,21185		0,006	0,994	0,002	1,000	0,022	-0,643	0,234	0,297
-20,0	-0,155	0,19186		0,006	0,993	0,002	0,997	0,022	-0,806	0,236	0,289
-19,0	-0,177	0,17876		0,006	0,993	0,002	0,997	0,021	-0,987	0,238	0,283
-18,0	-0,202	0,16134		0,005	0,992	0,002	0,997	0,020	-1,253	0,239	0,277
-17,0	-0,232	0,14945		0,005	0,992	0,002	0,996	0,020	-1,555	0,239	0,272
-16,0	-0,268	0,13439		0,005	0,992	0,002	0,997	0,017	-1,991	0,240	0,268
-15,0	-0,308	0,12249		0,004	0,992	0,002	0,997	0,016	-2,517	0,240	0,264
-14,0	-0,354	0,13156		0,004	0,992	0,001	0,995	0,011	-2,692	0,241	0,261
-13,0	-0,405	0,11565		0,004	0,991	0,001	0,995	0,010	-3,501	0,244	0,259
-12,0	-0,458	0,10019		0,003	0,991	0,001	0,995	0,009	-4,570	0,244	0,257
-11,0	-0,509	0,08684		0,003	0,990	0,001	0,995	0,008	-5,860	0,243	0,256
-10,0	-0,552	0,07448		0,003	0,987	0,001	0,995	0,008	-7,410	0,243	0,255
-9,0	-0,579	0,06286		0,002	0,981	0,002	0,996	0,008	-9,212	0,232	0,254
-8,0	-0,583	0,05329		0,002	0,976	0,003	0,997	0,007	-10,943	0,281	0,254
-7,0	-0,561	0,04576		0,002	0,969	0,004	1,000	0,007	-12,260	0,255	0,253
-6,0	-0,508	0,04005		0,002	0,963	0,004	1,000	0,009	-12,677	0,144	0,253
-5,0	-0,545	0,00862		0,004	0,957	0,005	1,000	0,998	-63,228	0,231	0,256
-4,0	-0,446	0,00801		0,003	0,945	0,006	1,000	0,998	-55,686	0,257	0,256
-3,0	-0,339	0,00744		0,002	0,931	0,009	1,000	0,999	-45,583	0,256	0,256
-2,0	-0,228	0,00466		0,001	0,888	0,521	1,000	0,999	-48,925	0,256	0,256
-1,0	-0,114	0,00427		0,001	0,828	0,641	1,000	0,999	-26,758	0,256	0,256
0,0	0,000	0,00374		-0,000	0,801	0,801	1,000	0,999	0,000	0,256	0,250
1,0	0,114	0,00427		-0,001	0,641	0,828	1,000	0,999	26,766	0,256	0,256
2,0	0,228	0,00466		-0,001	0,521	0,888	1,000	0,998	48,938	0,256	0,256
3,0	0,339	0,00744		-0,002	0,009	0,931	1,000	0,998	45,597	0,256	0,256
4,0	0,446	0,00801		-0,003	0,006	0,945	1,000	0,998	55,703	0,257	0,256
5,0	0,545	0,00862		-0,004	0,005	0,957	1,000	0,998	63,249	0,231	0,256
6,0	0,508	0,04005		-0,002	0,004	0,963	0,009	0,998	12,677	0,143	0,253
7,0	0,561	0,04576		-0,002	0,004	0,969	0,007	0,998	12,260	0,255	0,253
8,0	0,583	0,05329		-0,002	0,003	0,976	0,007	0,997	10,943	0,281	0,254
9,0	0,579	0,06286		-0,002	0,002	0,981	0,008	0,996	9,212	0,232	0,254
10,0	0,552	0,07448		-0,003	0,001	0,987	0,008	0,995	7,410	0,243	0,255
11,0	0,509	0,08684		-0,003	0,001	0,990	0,008	0,995	5,860	0,243	0,256
12,0	0,458	0,10019		-0,003	0,001	0,991	0,009	0,995	4,570	0,244	0,257
13,0	0,405	0,11565		-0,004	0,001	0,991	0,010	0,995	3,501	0,244	0,259
14,0	0,354	0,13156		-0,004	0,001	0,992	0,011	0,995	2,692	0,241	0,261
15,0	0,308	0,12249		-0,004	0,002	0,992	0,016	0,997	2,517	0,240	0,264
16,0	0,268	0,13439		-0,005	0,002	0,992	0,017	0,997	1,991	0,240	0,268

17,0	0,232	0,14945	-0,005	0,002	0,992	0,020	0,996	1,555	0,239	0,272
18,0	0,202	0,16134	-0,005	0,002	0,992	0,020	0,997	1,253	0,239	0,277
19,0	0,177	0,17876	-0,006	0,002	0,993	0,021	0,997	0,987	0,238	0,283
20,0	0,155	0,19186	-0,006	0,002	0,993	0,022	0,997	0,806	0,236	0,289
21,0	0,136	0,21185	-0,006	0,002	0,994	0,022	0,997	0,643	0,234	0,297
22,0	0,120	0,22597	-0,007	0,002	0,994	0,022	0,998	0,532	0,233	0,305
23,0	0,107	0,24683	-0,007	0,002	0,995	0,023	0,998	0,433	0,230	0,314
24,0	0,095	0,26272	-0,007	0,002	0,995	0,023	0,998	0,362	0,229	0,324
25,0	0,085	0,28224	-0,007	0,002	0,995	0,023	0,997	0,302	0,225	0,336
26,0	0,077	0,31185	-0,008	0,003	0,995	0,023	0,998	0,246	0,222	0,348
27,0	0,069	0,33173	-0,008	0,003	0,996	0,024	0,997	0,209	0,222	0,362
28,0	0,063	0,34719	-0,008	0,003	0,996	0,023	0,997	0,181	0,219	0,376
29,0	0,057	0,37586	-0,008	0,003	0,996	0,024	0,997	0,152	0,215	0,392
30,0	0,052	0,39729	-0,008	0,003	0,996	0,024	0,998	0,131	0,215	0,409

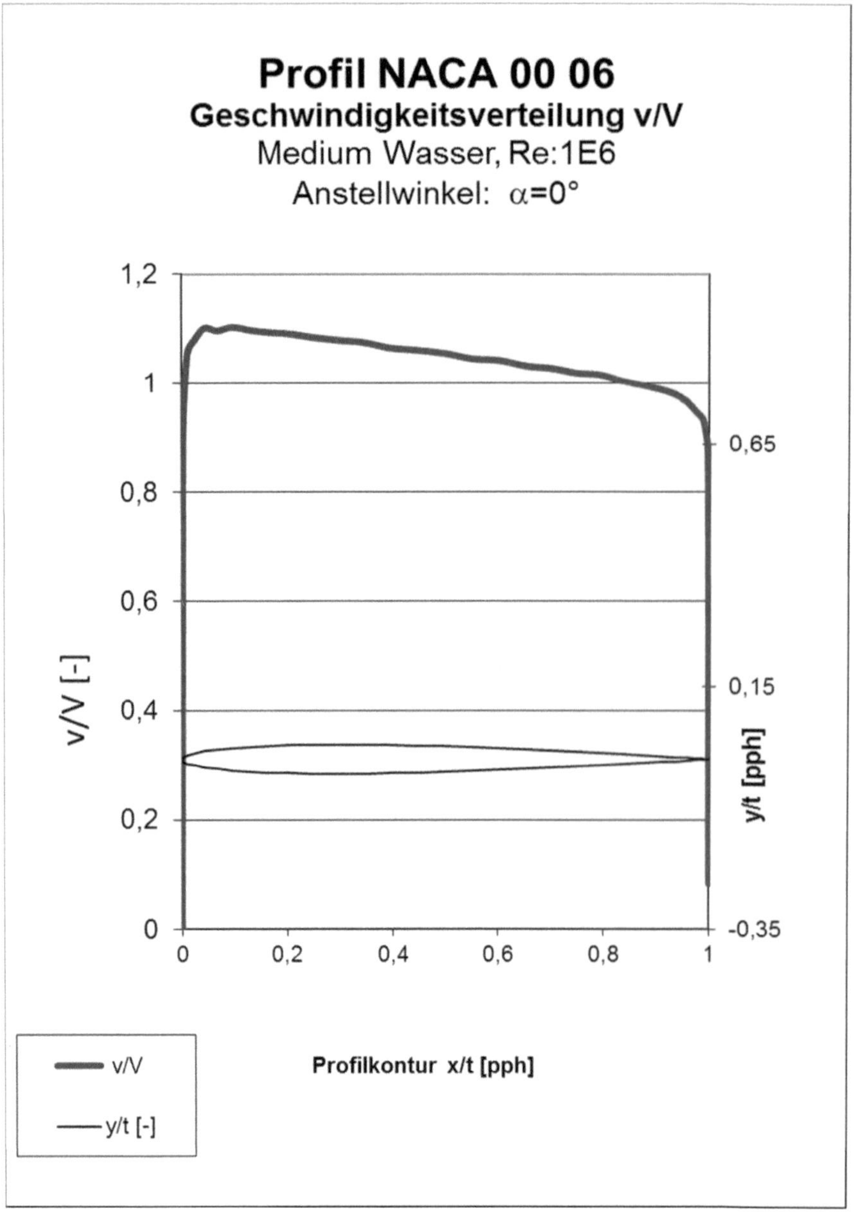
Profil NACA 00 06
Geschwindigkeitsverteilung v/V
Medium Wasser, Re:1E6
Anstellwinkel: α=0°
1,2
1
0,8
0,6
0,4
0,2
0
v/V [-]
0,65
0,15
-0,35
y/t [pph]
0
0,2
0,4
0,6
0,8
1
v/V
y/t [-]
Profilkontur x/t [pph]

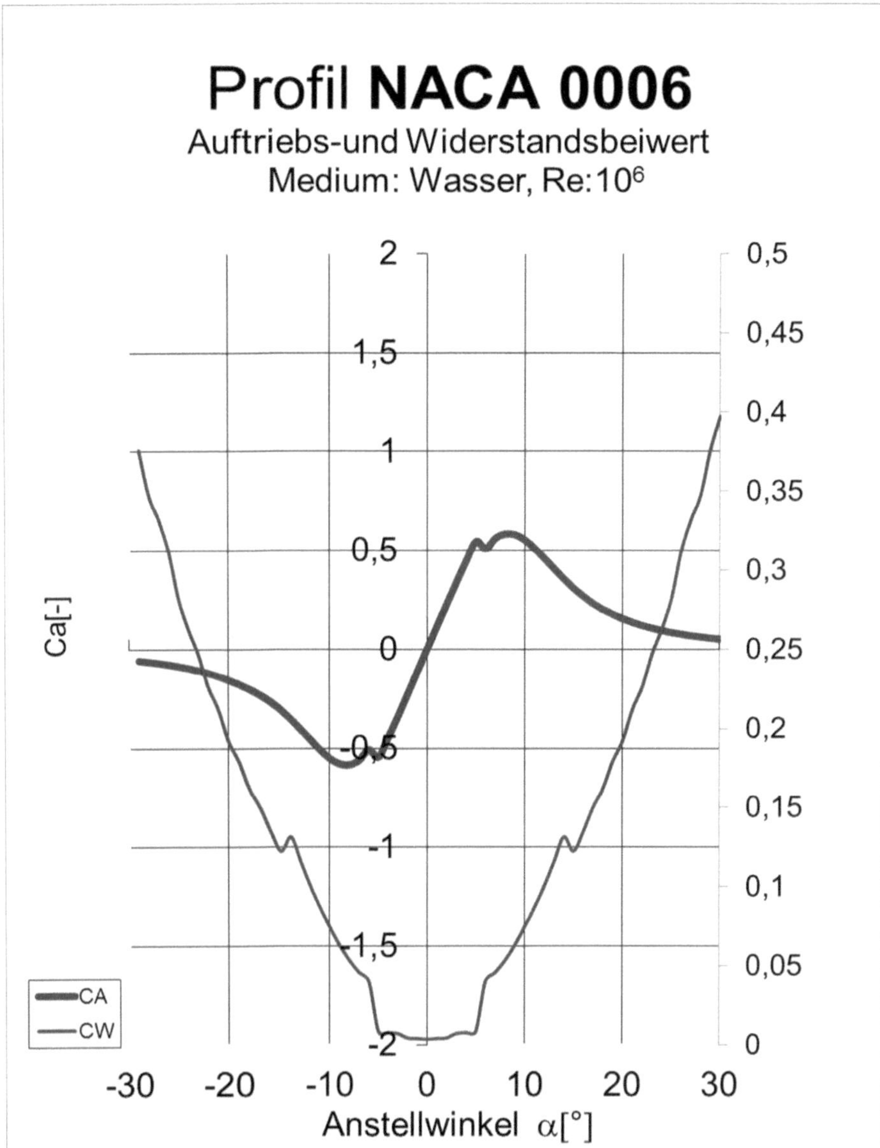
Profil NACA 0006
Auftriebs-und Widerstandsbeiwert
Medium: Wasser, Re:10^6
Ca[-]
2
1,5
1
0,5
0
-0,5
-1
-1,5
-2
0,5
0,45
0,4
0,35
0,3
0,25
0,2
0,15
0,1
0,05
0
CA
CW
-30
-20
-10
0
10
20
30
Anstellwinkel α[°]

NACA 2306 Re 1000000 Wasser

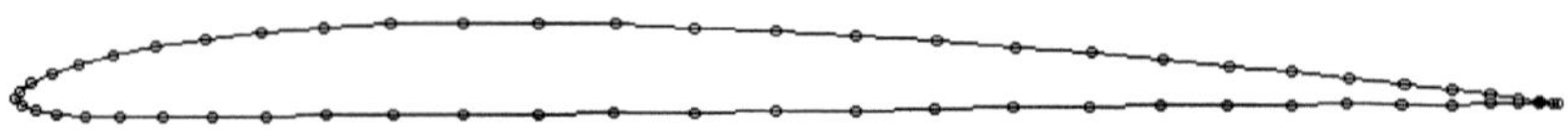

x/l	y/l	v/V	δ_1	δ_2	δ_3	Reδ_2	C_f	H_12	H_32	Zust.	y1
[-]	[-]	[-]	[-]	[-]	[-]	[-]	[-]	[-]	[-]	[-]	[%]
1,0000	0,0000	0,0597	0,012211	0,003258	0,006600	19,4	0,0000	3,7479	2,0257	abgel.	0,0000
0,9973	0,0003	0,8340	0,012211	0,003258	0,006600	271,7	0,0000	3,7479	2,0257	turb.	0,0000
0,9892	0,0014	0,9352	0,006667	0,003417	0,005378	328,8	0,0021	1,9511	1,5739	turb.	0,0311
0,9757	0,0031	0,9630	0,005749	0,003099	0,004942	305,3	0,0024	1,8549	1,5946	turb.	0,0287
0,9570	0,0054	0,9851	0,005321	0,002899	0,004636	289,8	0,0025	1,8353	1,5991	turb.	0,0281
0,9333	0,0082	1,0001	0,004858	0,002668	0,004275	271,6	0,0026	1,8209	1,6025	turb.	0,0276
0,9049	0,0115	1,0181	0,004704	0,002518	0,004009	259,2	0,0025	1,8680	1,5918	turb.	0,0284
0,8720	0,0151	1,0294	0,004510	0,002337	0,003690	244,0	0,0023	1,9299	1,5787	turb.	0,0296
0,8351	0,0190	1,0441	0,004611	0,002213	0,003429	233,1	0,0018	2,0839	1,5497	turb.	0,0330
0,7944	0,0230	1,0536	0,004756	0,002069	0,003138	220,7	0,0014	2,2983	1,5166	turb.	0,0384
0,7506	0,0271	1,0666	0,006443	0,001950	0,002975	210,0	0,0007	3,3051	1,5259	lam.	0,0542
0,7040	0,0311	1,0771	0,006031	0,001855	0,002833	201,3	0,0008	3,2521	1,5277	lam.	0,0505
0,6551	0,0349	1,0855	0,005259	0,001732	0,002663	190,0	0,0012	3,0366	1,5375	lam.	0,0407
0,6045	0,0385	1,0969	0,004933	0,001633	0,002512	180,5	0,0013	3,0210	1,5384	lam.	0,0392
0,5528	0,0417	1,1055	0,004547	0,001526	0,002352	170,2	0,0015	2,9791	1,5408	lam.	0,0368
0,5004	0,0445	1,1156	0,004147	0,001414	0,002183	159,3	0,0017	2,9331	1,5437	lam.	0,0344
0,4481	0,0468	1,1264	0,003767	0,001299	0,002008	147,8	0,0019	2,8999	1,5460	lam.	0,0323
0,3963	0,0485	1,1378	0,003529	0,001193	0,001840	137,0	0,0019	2,9579	1,5421	lam.	0,0325
0,3456	0,0495	1,1486	0,002944	0,001052	0,001634	122,7	0,0027	2,7987	1,5535	lam.	0,0273
0,2966	0,0498	1,1663	0,002339	0,000910	0,001433	107,6	0,0042	2,5716	1,5748	lam.	0,0218
0,2493	0,0490	1,1830	0,002105	0,000817	0,001285	96,4	0,0047	2,5779	1,5741	lam.	0,0207
0,2049	0,0467	1,1812	0,001777	0,000712	0,001127	84,1	0,0060	2,4978	1,5837	lam.	0,0183
0,1638	0,0433	1,1812	0,001568	0,000626	0,000992	73,2	0,0068	2,5024	1,5831	lam.	0,0171
0,1265	0,0388	1,1680	0,001326	0,000533	0,000846	61,5	0,0083	2,4861	1,5851	lam.	0,0155
0,0934	0,0336	1,1538	0,001079	0,000440	0,000700	49,9	0,0108	2,4495	1,5898	lam.	0,0136
0,0649	0,0279	1,1332	0,000869	0,000354	0,000562	38,8	0,0137	2,4576	1,5888	lam.	0,0121
0,0413	0,0219	1,0976	0,000612	0,000258	0,000412	27,3	0,0217	2,3771	1,5995	lam.	0,0096
0,0229	0,0160	1,0565	0,000383	0,000168	0,000270	16,2	0,0416	2,2824	1,6130	lam.	0,0069
0,0098	0,0102	0,9584	0,000225	0,000101	0,000163	7,3	0,0971	2,2405	1,6193	lam.	0,0045
0,0021	0,0049	0,7242	0,000086	0,000038	0,000062	1,3	0,0001	2,2364	1,6200	lam.	0,1414
0,0000	0,0000	0,2888	0,000001	0,000000	0,000001	0,0	0,0000	2,2364	1,6200	lam.	0,0000
0,0033	-0,0042	1,0801	0,000081	0,000036	0,000059	1,4	0,0001	2,2364	1,6200	lam.	0,1414
0,0121	-0,0074	1,1221	0,000204	0,000091	0,000147	7,8	0,0914	2,2393	1,6195	lam.	0,0047
0,0260	-0,0097	1,1052	0,000505	0,000202	0,000321	22,7	0,0222	2,4962	1,5839	lam.	0,0095
0,0451	-0,0112	1,0807	0,000872	0,000327	0,000512	36,1	0,0111	2,6682	1,5650	lam.	0,0134
0,0691	-0,0120	1,0596	0,001249	0,000453	0,000705	48,9	0,0072	2,7597	1,5567	lam.	0,0167
0,0976	-0,0122	1,0412	0,001601	0,000575	0,000894	60,9	0,0055	2,7857	1,5546	lam.	0,0190
0,1304	-0,0119	1,0232	0,001974	0,000702	0,001091	73,1	0,0044	2,8098	1,5526	lam.	0,0212
0,1671	-0,0113	1,0068	0,002386	0,000833	0,001290	85,2	0,0035	2,8649	1,5484	lam.	0,0238
0,2073	-0,0107	0,9993	0,002787	0,000961	0,001486	96,8	0,0029	2,9000	1,5459	lam.	0,0261
0,2507	-0,0101	0,9905	0,002942	0,001062	0,001652	106,1	0,0032	2,7710	1,5559	lam.	0,0248
0,2967	-0,0098	0,9913	0,003275	0,001176	0,001828	116,4	0,0029	2,7858	1,5546	lam.	0,0263
0,3454	-0,0097	1,0002	0,003276	0,001245	0,001953	123,4	0,0034	2,6316	1,5686	lam.	0,0243
0,3958	-0,0092	0,9955	0,003200	0,001285	0,002037	128,6	0,0039	2,4896	1,5847	lam.	0,0225
0,4474	-0,0086	0,9949	0,003669	0,001400	0,002198	139,4	0,0030	2,6199	1,5697	lam.	0,0256
0,4996	-0,0078	0,9909	0,003871	0,001482	0,002327	147,4	0,0029	2,6127	1,5705	lam.	0,0262
0,5518	-0,0069	0,9864	0,004225	0,001581	0,002473	156,6	0,0025	2,6727	1,5647	lam.	0,0282
0,6034	-0,0060	0,9821	0,004558	0,001677	0,002617	165,4	0,0022	2,7179	1,5605	lam.	0,0299
0,6539	-0,0052	0,9819	0,004854	0,001767	0,002753	173,5	0,0020	2,7472	1,5579	lam.	0,0312
0,7028	-0,0043	0,9748	0,004880	0,001823	0,002851	179,0	0,0022	2,6774	1,5643	lam.	0,0302

0,7494	-0,0036	0,9746	0,005437	0,001934	0,003003	188,6	0,0017	2,8107	1,5526	lam.	0,0341
0,7934	-0,0029	0,9703	0,005393	0,001979	0,003087	192,9	0,0019	2,7254	1,5599	lam.	0,0324
0,8341	-0,0023	0,9669	0,005750	0,002061	0,003204	200,0	0,0017	2,7896	1,5543	lam.	0,0346
0,8712	-0,0018	0,9652	0,006005	0,002130	0,003305	205,9	0,0016	2,8198	1,5519	lam.	0,0359
0,9042	-0,0013	0,9585	0,006098	0,002176	0,003380	210,1	0,0016	2,8023	1,5533	lam.	0,0358
0,9327	-0,0009	0,9526	0,006814	0,002276	0,003505	218,1	0,0011	2,9936	1,5399	lam.	0,0422
0,9566	-0,0006	0,9477	0,007588	0,002361	0,003610	224,9	0,0008	3,2145	1,5291	lam.	0,0516
0,9754	-0,0003	0,9326	0,008582	0,002434	0,003699	230,7	0,0004	3,5259	1,5199	lam.	0,0721
0,9890	-0,0001	0,9103	0,006261	0,002626	0,003951	244,9	0,0012	2,3844	1,5047	turb.	0,0413
0,9972	-0,0000	0,8434	0,008674	0,002530	0,004387	213,4	0,0000	3,4289	1,7342	turb.	0,0000
1,0000	0,0000	0,0597	0,008674	0,002530	0,004387	15,1	0,0000	3,4289	1,7342	abgel.	0,0000

α	Ca	Cw	Cm 0.25		T.U.	T.L.	S.U.	S.L.	GZ	N.P.	D.P.
[°]	[-]	[-]	[-]	[-]	[-]	[-]	[-]	[-]	[-]	[-]	
-29,0	-0,048	0,36377		-0,014	0,978	0,004	0,984	0,025	-0,133	0,250	-0,048
-28,0	-0,053	0,33934		-0,014	0,978	0,003	0,984	0,025	-0,156	0,255	-0,022
-27,0	-0,058	0,31744		-0,014	0,978	0,003	0,984	0,025	-0,183	0,254	0,002
-26,0	-0,064	0,29926		-0,014	0,978	0,003	0,984	0,025	-0,213	0,251	0,025
-25,0	-0,070	0,27630		-0,014	0,978	0,003	0,984	0,024	-0,255	0,249	0,046
-24,0	-0,078	0,25876		-0,014	0,977	0,003	0,985	0,024	-0,301	0,247	0,066
-23,0	-0,087	0,24156		-0,014	0,977	0,003	0,985	0,024	-0,359	0,248	0,084
-22,0	-0,097	0,22163		-0,014	0,977	0,003	0,985	0,024	-0,437	0,245	0,101
-21,0	-0,109	0,20681		-0,014	0,977	0,003	0,984	0,024	-0,525	0,247	0,117
-20,0	-0,122	0,18727		-0,014	0,977	0,003	0,985	0,023	-0,652	0,247	0,131
-19,0	-0,138	0,17600		-0,015	0,977	0,002	0,985	0,023	-0,783	0,248	0,144
-18,0	-0,156	0,15874		-0,015	0,976	0,002	0,987	0,022	-0,984	0,249	0,157
-17,0	-0,177	0,14629		-0,015	0,973	0,002	0,988	0,021	-1,213	0,250	0,168
-16,0	-0,202	0,13522		-0,015	0,972	0,002	0,989	0,020	-1,493	0,258	0,178
-15,0	-0,230	0,12214		-0,014	0,970	0,002	0,989	0,017	-1,881	0,259	0,188
-14,0	-0,261	0,10876		-0,014	0,967	0,002	0,989	0,015	-2,399	0,257	0,196
-13,0	-0,295	0,12067		-0,014	0,965	0,001	0,990	0,012	-2,443	0,256	0,203
-12,0	-0,330	0,10500		-0,014	0,963	0,001	0,990	0,011	-3,141	0,256	0,209
-11,0	-0,363	0,08873		-0,013	0,960	0,001	0,990	0,009	-4,092	0,258	0,213
-10,0	-0,390	0,07873		-0,013	0,956	0,001	0,990	0,008	-4,957	0,256	0,216
-9,0	-0,405	0,06509		-0,013	0,945	0,002	0,991	0,007	-6,229	0,203	0,218
-8,0	-0,403	0,05643		-0,014	0,934	0,002	0,991	0,009	-7,137	0,261	0,216
-7,0	-0,378	0,04752		-0,013	0,923	0,003	0,992	0,007	-7,949	0,253	0,214
-6,0	-0,330	0,04132		-0,014	0,912	0,004	0,993	0,008	-7,988	0,262	0,208
-5,0	-0,261	0,03619		-0,015	0,890	0,005	0,994	0,010	-7,203	0,288	0,193
-4,0	-0,181	0,03149		-0,020	0,858	0,005	0,996	0,037	-5,742	0,414	0,142
-3,0	-0,116	0,00673		-0,039	0,837	0,007	0,997	0,998	-17,229	0,361	-0,083
-2,0	-0,004	0,00675		-0,039	0,775	0,010	1,000	0,998	-0,549	0,256	-10,344
-1,0	0,110	0,00379		-0,040	0,732	0,875	1,000	0,998	29,132	0,256	0,612
0,0	0,225	0,00417		-0,041	0,637	0,912	1,000	0,998	53,962	0,256	0,431
1,0	0,339	0,00473		-0,041	0,523	0,958	1,000	0,998	71,731	0,257	0,372
2,0	0,453	0,00585		-0,042	0,343	0,967	1,000	0,998	77,463	0,257	0,343
3,0	0,565	0,00630		-0,043	0,304	0,977	1,000	0,998	89,599	0,257	0,326

4,0	0,672	0,00904	-0,044	0,007	0,984	1,000	0,998	74,346	0,258	0,315
5,0	0,771	0,00984	-0,045	0,005	0,998	1,000	0,998	78,367	0,259	0,308
6,0	0,859	0,01071	-0,045	0,004	0,998	1,000	0,998	80,142	1,333	0,303
7,0	0,746	0,04419	-0,018	0,004	0,998	0,008	0,998	16,884	0,598	0,274
8,0	0,778	0,05134	-0,017	0,003	0,998	0,007	0,999	15,157	0,218	0,272
9,0	0,771	0,05978	-0,017	0,002	0,998	0,006	0,999	12,900	0,234	0,272
10,0	0,736	0,06901	-0,018	0,001	0,999	0,007	0,999	10,661	0,234	0,275
11,0	0,678	0,08471	-0,019	0,001	0,999	0,007	0,999	8,006	0,242	0,277
12,0	0,609	0,09583	-0,019	0,001	0,999	0,008	0,999	6,350	0,241	0,281
13,0	0,535	0,11028	-0,020	0,001	0,999	0,008	0,999	4,854	0,238	0,287
14,0	0,465	0,12890	-0,021	0,001	0,999	0,010	0,999	3,607	0,232	0,295
15,0	0,401	0,12090	-0,022	0,001	0,999	0,013	0,999	3,317	0,222	0,306
16,0	0,345	0,13398	-0,024	0,001	0,999	0,017	0,999	2,575	0,226	0,320
17,0	0,297	0,14722	-0,025	0,001	0,999	0,018	0,999	2,014	0,232	0,334
18,0	0,255	0,15955	-0,026	0,001	0,999	0,020	0,999	1,601	0,229	0,351
19,0	0,221	0,17801	-0,026	0,002	0,999	0,021	0,999	1,240	0,233	0,370
20,0	0,192	0,19021	-0,027	0,001	0,999	0,021	1,000	1,007	0,229	0,390
21,0	0,167	0,20896	-0,028	0,001	0,999	0,022	1,000	0,799	0,224	0,415
22,0	0,146	0,22828	-0,028	0,002	0,999	0,023	1,000	0,641	0,221	0,442
23,0	0,129	0,24651	-0,029	0,002	0,999	0,023	1,000	0,523	0,220	0,473
24,0	0,114	0,26379	-0,029	0,002	1,000	0,023	1,000	0,432	0,212	0,505
25,0	0,101	0,28691	-0,030	0,002	1,000	0,024	1,000	0,353	0,194	0,543
26,0	0,090	0,31288	-0,030	0,002	1,000	0,025	1,000	0,289	0,185	0,585
27,0	0,081	0,32898	-0,031	0,002	1,000	0,026	1,000	0,247	0,179	0,632
28,0	0,073	0,35325	-0,032	0,002	1,000	0,027	1,000	0,207	0,199	0,682
29,0	0,066	0,37916	-0,032	0,002	1,000	0,026	1,000	0,174	0,206	0,731
30,0	0,060	0,40570	-0,032	0,002	1,000	0,026	1,000	0,148	0,192	0,786

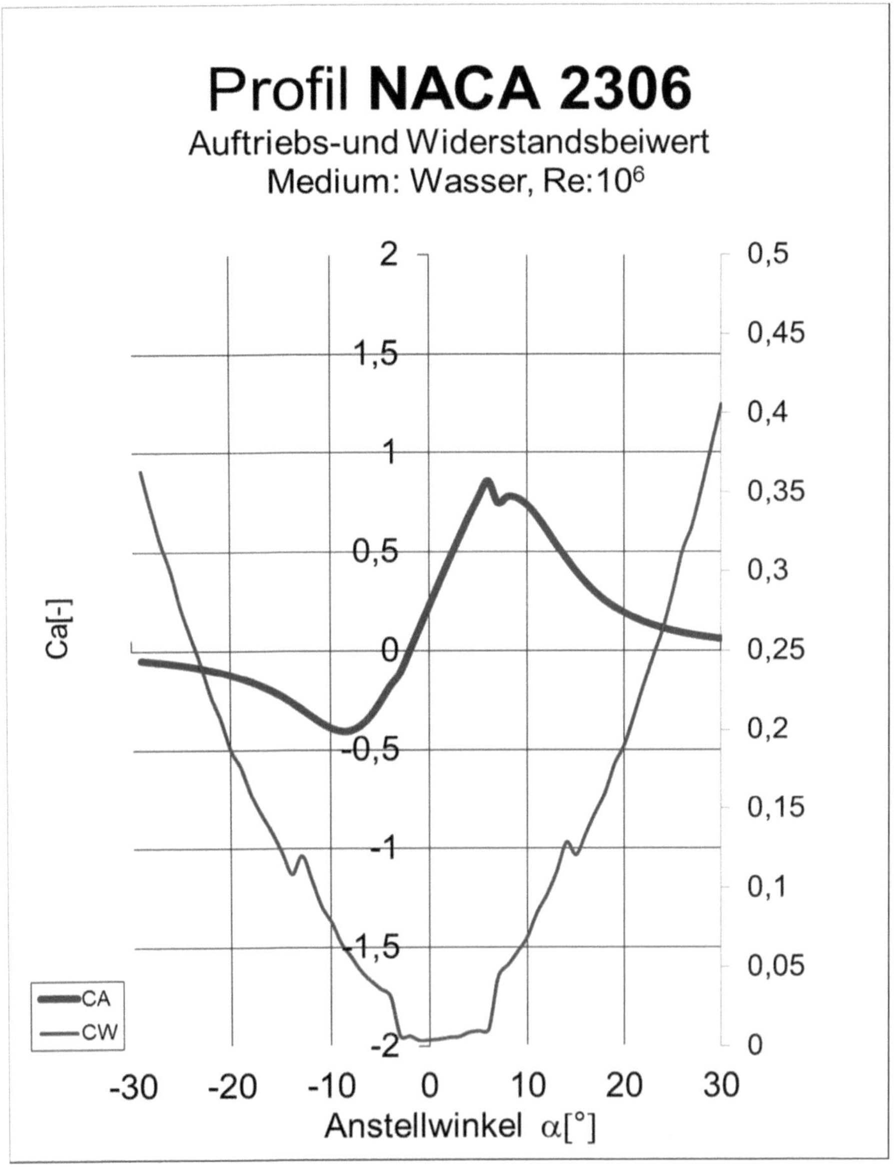
Profil NACA 2306
Auftriebs-und Widerstandsbeiwert
Medium: Wasser, Re:10^6
Ca[-]
2
1,5
1
0,5
0
-0,5
-1
-1,5
-2
0,5
0,45
0,4
0,35
0,3
0,25
0,2
0,15
0,1
0,05
0
CA
CW
-30
-20
-10
0
10
20
30
Anstellwinkel α[°]

NACA 5306 Re 1000000 Wasser

x/l	y/l	v/V	δ_1	δ_2	δ_3	Reδ_2	C_f	H_12	H_32	Zust.	y1
[-]	[-]	[-]	[-]	[-]	[-]	[-]	[-]	[-]	[-]	[-]	[%]
1,0000	0,0000	0,0907	0,021316	0,004979	0,011245	45,2	0,0000	4,2812	2,2584	abgel.	0,0000
0,9974	0,0006	0,8487	0,021316	0,004979	0,011245	422,6	0,0000	4,2812	2,2584	turb.	0,0000
0,9893	0,0023	0,9370	0,009378	0,005262	0,008478	513,3	0,0024	1,7822	1,6113	turb.	0,0288
0,9758	0,0051	0,9755	0,007866	0,004696	0,007701	471,8	0,0029	1,6750	1,6399	turb.	0,0262
0,9572	0,0089	1,0053	0,006821	0,004242	0,007041	437,3	0,0033	1,6080	1,6599	turb.	0,0246
0,9337	0,0136	1,0314	0,005867	0,003787	0,006359	401,5	0,0037	1,5495	1,6792	turb.	0,0232
0,9054	0,0191	1,0602	0,005465	0,003553	0,005980	381,7	0,0038	1,5382	1,6830	turb.	0,0229
0,8726	0,0250	1,0746	0,004873	0,003224	0,005458	353,8	0,0041	1,5112	1,6926	turb.	0,0221
0,8358	0,0314	1,0973	0,004436	0,002961	0,005025	330,3	0,0042	1,4982	1,6974	turb.	0,0217
0,7952	0,0380	1,1159	0,004057	0,002719	0,004621	307,8	0,0044	1,4922	1,6996	turb.	0,0214
0,7514	0,0446	1,1325	0,003648	0,002460	0,004189	283,4	0,0045	1,4833	1,7030	turb.	0,0211
0,7049	0,0511	1,1521	0,003335	0,002243	0,003816	261,7	0,0046	1,4870	1,7016	turb.	0,0209
0,6560	0,0572	1,1670	0,003042	0,002032	0,003450	240,1	0,0046	1,4970	1,6979	turb.	0,0209
0,6054	0,0628	1,1819	0,002777	0,001828	0,003090	218,8	0,0045	1,5186	1,6900	turb.	0,0211
0,5535	0,0678	1,1965	0,002510	0,001618	0,002717	196,6	0,0044	1,5511	1,6788	turb.	0,0214
0,5011	0,0721	1,2149	0,002402	0,001462	0,002411	179,2	0,0038	1,6435	1,6494	turb.	0,0228
0,4486	0,0754	1,2259	0,002348	0,001291	0,002069	160,7	0,0030	1,8189	1,6032	turb.	0,0259
0,3966	0,0779	1,2450	0,002572	0,001149	0,001752	145,5	0,0016	2,2389	1,5252	turb.	0,0350
0,3458	0,0794	1,2663	0,002792	0,000959	0,001482	125,1	0,0022	2,9105	1,5451	lam.	0,0299
0,2965	0,0798	1,3043	0,002034	0,000796	0,001254	106,0	0,0044	2,5566	1,5766	lam.	0,0214
0,2484	0,0781	1,3318	0,001700	0,000691	0,001098	91,9	0,0058	2,4580	1,5887	lam.	0,0186
0,2031	0,0737	1,3292	0,001474	0,000611	0,000974	79,8	0,0071	2,4129	1,5945	lam.	0,0168
0,1614	0,0670	1,3067	0,001308	0,000541	0,000862	68,7	0,0082	2,4179	1,5939	lam.	0,0157
0,1237	0,0586	1,2690	0,001094	0,000462	0,000739	56,7	0,0105	2,3689	1,6005	lam.	0,0138
0,0904	0,0492	1,2274	0,000949	0,000397	0,000635	46,2	0,0126	2,3885	1,5978	lam.	0,0126
0,0620	0,0392	1,1607	0,000745	0,000316	0,000507	34,6	0,0176	2,3548	1,6025	lam.	0,0107
0,0386	0,0294	1,0926	0,000545	0,000235	0,000377	23,2	0,0274	2,3240	1,6069	lam.	0,0085
0,0207	0,0202	0,9902	0,000322	0,000143	0,000231	11,9	0,0587	2,2519	1,6175	lam.	0,0058
0,0082	0,0120	0,8300	0,000069	0,000031	0,000050	1,5	0,0001	2,2364	1,6200	lam.	0,1414
0,0013	0,0052	0,4557	0,000001	0,000000	0,000001	0,0	0,0000	2,2364	1,6200	lam.	0,0000
0,0000	0,0000	0,7124	0,000072	0,000032	0,000052	1,6	0,0001	2,2364	1,6200	lam.	0,1414
0,0042	-0,0034	1,2912	0,000280	0,000123	0,000199	8,8	0,0772	2,2733	1,6142	lam.	0,0051
0,0136	-0,0049	1,2061	0,000209	0,000094	0,000152	11,8	0,0620	2,2222	1,6222	lam.	0,0057
0,0283	-0,0045	1,1050	0,000705	0,000237	0,000365	28,6	0,0089	2,9709	1,5411	lam.	0,0150
0,0478	-0,0027	1,0463	0,001008	0,000415	0,000622	45,7	0,0016	2,4278	1,4981	turb.	0,0350
0,0720	0,0004	0,9913	0,001175	0,000542	0,000832	56,7	0,0022	2,1689	1,5357	turb.	0,0298
0,1006	0,0044	0,9440	0,001421	0,000709	0,001110	70,3	0,0027	2,0031	1,5642	turb.	0,0271
0,1332	0,0087	0,9108	0,001722	0,000907	0,001437	85,6	0,0031	1,8992	1,5850	turb.	0,0256
0,1695	0,0129	0,8843	0,001967	0,001099	0,001769	100,1	0,0035	1,7900	1,6100	turb.	0,0240
0,2091	0,0165	0,8674	0,002223	0,001301	0,002122	115,0	0,0038	1,7083	1,6310	turb.	0,0229
0,2516	0,0191	0,8578	0,002417	0,001480	0,002446	128,3	0,0042	1,6331	1,6525	turb.	0,0218
0,2967	0,0202	0,8686	0,002568	0,001637	0,002737	140,4	0,0046	1,5692	1,6727	turb.	0,0209
0,3452	0,0202	0,8914	0,002487	0,001675	0,002853	145,5	0,0052	1,4844	1,7027	turb.	0,0195
0,3955	0,0202	0,8965	0,002362	0,001662	0,002872	148,2	0,0058	1,4213	1,7277	turb.	0,0185
0,4469	0,0201	0,8984	0,002512	0,001775	0,003072	159,2	0,0058	1,4146	1,7304	turb.	0,0185
0,4989	0,0198	0,8987	0,002704	0,001912	0,003309	171,8	0,0057	1,4142	1,7306	turb.	0,0187
0,5510	0,0192	0,8999	0,002908	0,002055	0,003556	184,7	0,0056	1,4149	1,7303	turb.	0,0189
0,6026	0,0183	0,9018	0,003097	0,002191	0,003794	197,2	0,0056	1,4131	1,7310	turb.	0,0190
0,6530	0,0172	0,9002	0,003268	0,002318	0,004015	209,0	0,0055	1,4099	1,7324	turb.	0,0191
0,7019	0,0157	0,9047	0,003489	0,002470	0,004277	222,3	0,0054	1,4124	1,7313	turb.	0,0192
0,7486	0,0141	0,9029	0,003594	0,002560	0,004441	231,6	0,0054	1,4041	1,7349	turb.	0,0192
0,7925	0,0122	0,9082	0,003804	0,002703	0,004686	244,1	0,0053	1,4073	1,7335	turb.	0,0194

0,8334	0,0103	0,9074	0,003869	0,002766	0,004806	251,3	0,0054	1,3984	1,7374	turb.	0,0193
0,8705	0,0083	0,9116	0,004042	0,002885	0,005010	261,8	0,0053	1,4008	1,7363	turb.	0,0194
0,9037	0,0064	0,9112	0,004098	0,002938	0,005110	267,9	0,0054	1,3945	1,7391	turb.	0,0193
0,9324	0,0046	0,9126	0,004232	0,003031	0,005269	276,2	0,0053	1,3961	1,7383	turb.	0,0194
0,9563	0,0030	0,9126	0,004312	0,003092	0,005377	282,2	0,0053	1,3946	1,7390	turb.	0,0195
0,9752	0,0017	0,9094	0,004400	0,003154	0,005484	287,9	0,0053	1,3950	1,7388	turb.	0,0195
0,9889	0,0008	0,8855	0,004545	0,003245	0,005634	295,0	0,0052	1,4008	1,7363	turb.	0,0197
0,9971	0,0002	0,8385	0,005186	0,003590	0,006166	317,5	0,0047	1,4447	1,7176	turb.	0,0206
1,0000	0,0000	0,0907	0,021405	0,003417	0,011233	31,0	0,0000	6,2635	3,2871	turb.	0,0000

α	Ca	Cw	Cm 0.25		T.U.	T.L.	S.U.	S.L.	GZ	N.P.	D.P.
[°]	[-]	[-]	[-]	[-]	[-]	[-]	[-]	[-]	[-]	[-]	
-29,0	-0,036	0,35702		-0,046	0,952	0,004	0,975	0,025	-0,101	0,381	-1,035
-28,0	-0,039	0,33374		-0,046	0,951	0,004	0,977	0,025	-0,117	0,372	-0,927
-27,0	-0,042	0,30993		-0,046	0,951	0,004	0,977	0,025	-0,137	0,339	-0,826
-26,0	-0,046	0,28582		-0,045	0,950	0,004	0,977	0,025	-0,162	0,308	-0,733
-25,0	-0,050	0,26893		-0,045	0,949	0,004	0,977	0,025	-0,188	0,296	-0,646
-24,0	-0,055	0,25269		-0,045	0,948	0,004	0,977	0,025	-0,218	0,296	-0,565
-23,0	-0,061	0,23427		-0,045	0,946	0,004	0,978	0,024	-0,259	0,295	-0,488
-22,0	-0,067	0,21499		-0,044	0,945	0,003	0,978	0,024	-0,310	0,287	-0,417
-21,0	-0,074	0,20300		-0,044	0,943	0,003	0,978	0,024	-0,363	0,286	-0,351
-20,0	-0,081	0,18829		-0,044	0,942	0,003	0,979	0,023	-0,433	0,286	-0,290
-19,0	-0,090	0,16907		-0,044	0,940	0,003	0,979	0,023	-0,534	0,273	-0,233
-18,0	-0,100	0,15638		-0,044	0,937	0,003	0,980	0,022	-0,642	0,279	-0,184
-17,0	-0,112	0,14269		-0,043	0,935	0,003	0,980	0,021	-0,782	0,289	-0,136
-16,0	-0,124	0,13225		-0,043	0,932	0,003	0,981	0,020	-0,939	0,285	-0,093
-15,0	-0,138	0,11852		-0,042	0,927	0,002	0,982	0,019	-1,163	0,303	-0,056
-14,0	-0,152	0,10945		-0,041	0,924	0,002	0,983	0,017	-1,393	0,330	-0,020
-13,0	-0,167	0,11978		-0,040	0,919	0,003	0,984	0,014	-1,396	0,310	0,012
-12,0	-0,181	0,10430		-0,039	0,914	0,002	0,986	0,013	-1,737	0,297	0,033
-11,0	-0,192	0,08917		-0,039	0,910	0,002	0,987	0,012	-2,156	0,337	0,049
-10,0	-0,197	0,07884		-0,038	0,893	0,002	0,990	0,010	-2,504	4,226	0,058
-9,0	-0,193	0,06768		-0,037	0,862	0,002	0,991	0,009	-2,847	0,183	0,059
-8,0	-0,174	0,05940		-0,036	0,848	0,002	0,991	0,008	-2,925	0,226	0,041
-7,0	-0,137	0,05117		-0,035	0,833	0,002	0,991	0,007	-2,676	0,263	-0,009
-6,0	-0,081	0,04428		-0,038	0,805	0,002	0,992	0,009	-1,825	0,278	-0,215
-5,0	-0,007	0,03861		-0,039	0,766	0,003	0,993	0,010	-0,189	0,259	-5,104
-4,0	0,079	0,03418		-0,039	0,733	0,005	0,994	0,010	2,302	0,261	0,747
-3,0	0,170	0,03107		-0,041	0,708	0,006	0,995	0,012	5,479	0,492	0,491
-2,0	0,328	0,00630		-0,100	0,647	0,008	0,996	0,998	52,047	0,466	0,553
-1,0	0,445	0,00713		-0,100	0,557	0,010	1,000	0,999	62,429	0,258	0,476
0,0	0,561	0,00845		-0,101	0,339	0,024	1,000	0,999	66,388	0,258	0,431
1,0	0,675	0,00855		-0,102	0,323	0,092	1,000	0,999	78,980	0,258	0,401
2,0	0,789	0,00717		-0,103	0,310	0,998	1,000	0,998	109,982	0,259	0,381
3,0	0,902	0,00764		-0,104	0,297	0,998	1,000	0,998	118,075	0,259	0,366
4,0	1,014	0,00814		-0,105	0,283	0,998	1,000	0,999	124,593	0,260	0,354
5,0	1,116	0,01211		-0,106	0,007	0,999	1,000	0,999	92,160	0,262	0,345
6,0	1,208	0,01333		-0,108	0,004	0,999	1,000	0,999	90,659	0,264	0,339

7,0	1,285	0,01473	-0,109	0,003	0,999	1,000	0,999	87,247	0,749	0,335
8,0	1,076	0,04882	-0,042	0,003	0,999	0,008	0,999	22,049	0,581	0,289
9,0	1,078	0,05630	-0,040	0,002	0,999	0,006	0,999	19,140	0,264	0,287
10,0	1,036	0,06510	-0,041	0,001	0,999	0,007	1,000	15,917	0,240	0,290
11,0	0,961	0,07730	-0,041	0,001	1,000	0,006	1,000	12,436	0,260	0,293
12,0	0,864	0,09218	-0,040	0,000	1,000	0,005	1,000	9,377	0,245	0,296
13,0	0,759	0,10286	-0,042	0,001	1,000	0,006	1,000	7,377	0,229	0,306
14,0	0,655	0,11874	-0,044	0,001	1,000	0,007	1,000	5,514	0,234	0,317
15,0	0,559	0,13615	-0,046	0,001	1,000	0,008	1,000	4,105	0,226	0,331
16,0	0,475	0,13392	-0,048	0,001	1,000	0,010	1,000	3,545	0,204	0,352
17,0	0,403	0,14879	-0,053	0,001	1,000	0,015	1,000	2,708	0,200	0,381
18,0	0,342	0,16263	-0,055	0,001	1,000	0,017	1,000	2,105	0,215	0,411
19,0	0,292	0,17907	-0,057	0,001	1,000	0,018	1,000	1,629	0,217	0,444
20,0	0,250	0,19467	-0,058	0,001	1,000	0,020	1,000	1,283	0,214	0,482
21,0	0,215	0,21247	-0,059	0,001	1,000	0,021	1,000	1,011	0,215	0,526
22,0	0,186	0,23295	-0,060	0,001	1,000	0,021	1,000	0,798	0,217	0,574
23,0	0,162	0,24542	-0,061	0,001	1,000	0,021	1,000	0,659	0,211	0,627
24,0	0,141	0,26939	-0,062	0,001	1,000	0,022	1,000	0,525	0,181	0,688
25,0	0,124	0,29085	-0,064	0,001	1,000	0,023	1,000	0,428	0,168	0,761
26,0	0,110	0,31001	-0,065	0,001	1,000	0,024	1,000	0,355	0,193	0,838
27,0	0,098	0,33440	-0,065	0,001	1,000	0,023	1,000	0,292	0,136	0,917
28,0	0,087	0,35332	-0,067	0,001	1,000	0,026	1,000	0,247	0,090	1,020
29,0	0,078	0,38415	-0,068	0,001	1,000	0,026	1,000	0,204	0,174	1,123
30,0	0,070	0,41295	-0,068	0,001	0,999	0,025	0,999	0,170	0,218	1,223

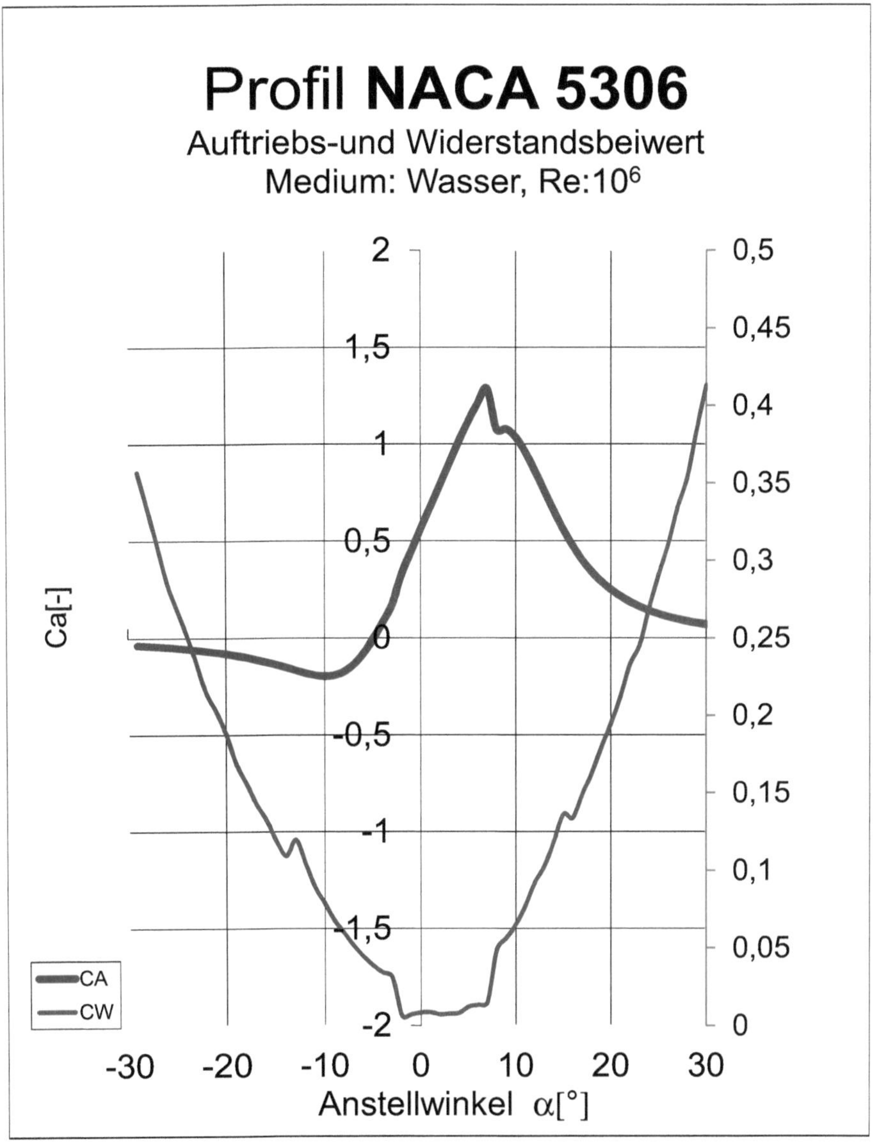
Profil NACA 5306
Auftriebs-und Widerstandsbeiwert
Medium: Wasser, Re:10^6
Ca[-]
2
1,5
1
0,5
0
-0,5
-1
-1,5
-2
0,5
0,45
0,4
0,35
0,3
0,25
0,2
0,15
0,1
0,05
0
-30
-20
-10
0
10
20
30
Anstellwinkel α[°]
CA
CW

NACA 8306   Re 1000000   Wasser

x/l	y/l	v/V	δ_1	δ_2	δ_3	Reδ_2	C_f	H_12	H_32	Zust.	y1
[-]	[-]	[-]	[-]	[-]	[-]	[-]	[-]	[-]	[-]	[-]	[%]
1,0000	0,0000	0,0932	0,021728	0,005388	0,011293	50,2	0,0000	4,0325	2,0959	abgel.	0,0000
0,9974	0,0008	0,8003	0,021728	0,005388	0,011293	431,2	0,0000	4,0325	2,0959	abgel.	0,0000
0,9894	0,0032	0,9273	0,021728	0,005388	0,011293	499,7	0,0000	4,0325	2,0959	turb.	0,0000
0,9760	0,0072	0,9872	0,010902	0,005712	0,009039	584,9	0,0019	1,9087	1,5825	turb.	0,0322
0,9575	0,0125	1,0240	0,008962	0,005064	0,008177	534,5	0,0024	1,7695	1,6146	turb.	0,0287
0,9341	0,0190	1,0560	0,007434	0,004459	0,007323	485,9	0,0029	1,6671	1,6422	turb.	0,0261
0,9059	0,0266	1,0897	0,006370	0,003974	0,006603	445,5	0,0033	1,6029	1,6616	turb.	0,0246
0,8732	0,0350	1,1215	0,005711	0,003627	0,006060	415,2	0,0035	1,5745	1,6708	turb.	0,0238
0,8365	0,0438	1,1449	0,004966	0,003230	0,005436	379,5	0,0038	1,5377	1,6832	turb.	0,0228
0,7960	0,0530	1,1750	0,004468	0,002932	0,004950	351,3	0,0040	1,5238	1,6881	turb.	0,0224
0,7523	0,0621	1,1979	0,003991	0,002639	0,004466	322,6	0,0042	1,5122	1,6923	turb.	0,0219
0,7057	0,0710	1,2222	0,003571	0,002369	0,004013	295,1	0,0043	1,5072	1,6941	turb.	0,0216
0,6569	0,0794	1,2454	0,003207	0,002122	0,003592	268,9	0,0043	1,5112	1,6926	turb.	0,0215
0,6062	0,0871	1,2672	0,002874	0,001886	0,003184	243,2	0,0044	1,5238	1,6882	turb.	0,0214
0,5543	0,0939	1,2893	0,002609	0,001676	0,002811	219,5	0,0042	1,5566	1,6768	turb.	0,0218
0,5017	0,0996	1,3096	0,002395	0,001476	0,002445	196,5	0,0039	1,6219	1,6559	turb.	0,0227
0,4491	0,1041	1,3311	0,002290	0,001298	0,002098	175,7	0,0032	1,7640	1,6166	turb.	0,0251
0,3970	0,1073	1,3535	0,002358	0,001134	0,001758	156,6	0,0020	2,0794	1,5505	turb.	0,0314
0,3459	0,1092	1,3814	0,002676	0,000885	0,001361	128,0	0,0018	3,0242	1,5380	lam.	0,0331
0,2965	0,1098	1,4469	0,001752	0,000703	0,001113	104,6	0,0048	2,4927	1,5843	lam.	0,0203
0,2474	0,1072	1,4878	0,001476	0,000613	0,000977	90,2	0,0063	2,4092	1,5950	lam.	0,0178
0,2014	0,1005	1,4715	0,001270	0,000540	0,000865	77,2	0,0079	2,3526	1,6027	lam.	0,0159
0,1590	0,0905	1,4287	0,001143	0,000485	0,000778	66,0	0,0092	2,3547	1,6024	lam.	0,0147
0,1210	0,0781	1,3585	0,000984	0,000423	0,000679	54,2	0,0116	2,3277	1,6062	lam.	0,0131
0,0876	0,0644	1,2808	0,000861	0,000368	0,000590	43,4	0,0143	2,3397	1,6045	lam.	0,0118
0,0593	0,0502	1,1785	0,000686	0,000297	0,000478	31,9	0,0203	2,3105	1,6088	lam.	0,0099
0,0363	0,0366	1,0706	0,000519	0,000227	0,000366	21,0	0,0319	2,2865	1,6124	lam.	0,0079
0,0188	0,0241	0,9180	0,000304	0,000136	0,000220	9,6	0,0744	2,2372	1,6199	lam.	0,0052
0,0069	0,0136	0,7045	0,000095	0,000042	0,000069	1,1	0,0001	2,2364	1,6200	lam.	0,1414
0,0006	0,0055	0,2398	0,000001	0,000000	0,000001	0,0	0,0000	2,2364	1,6200	lam.	0,0000
0,0000	0,0000	1,0750	0,000088	0,000039	0,000064	1,3	0,0001	2,2364	1,6200	lam.	0,1414
0,0049	-0,0026	1,4682	0,000204	0,000091	0,000148	7,5	0,0943	2,2377	1,6198	lam.	0,0046
0,0150	-0,0022	1,2355	0,000679	0,001197	0,000356	147,9	0,0000	0,5671	0,2973	lam.	0,0000
0,0302	0,0009	1,0891	0,000679	0,001197	0,000356	130,4	0,0000	0,5671	0,2973	abgel.	0,0000
0,0502	0,0062	0,9899	0,000679	0,001197	0,000356	118,5	0,0000	0,5671	0,2973	abgel.	0,0000
0,0747	0,0132	0,9120	0,000679	0,001197	0,000356	109,2	0,0000	0,5671	0,2973	abgel.	0,0000
0,1034	0,0212	0,8525	0,000679	0,001197	0,000356	102,1	0,0000	0,5671	0,2973	abgel.	0,0000
0,1359	0,0295	0,8047	0,000679	0,001197	0,000356	96,3	0,0000	0,5671	0,2973	abgel.	0,0000
0,1718	0,0373	0,7684	0,000679	0,001197	0,000356	92,0	0,0000	0,5671	0,2973	abgel.	0,0000
0,2109	0,0438	0,7462	0,000679	0,001197	0,000356	89,3	0,0000	0,5671	0,2973	abgel.	0,0000
0,2526	0,0483	0,7371	0,000679	0,001197	0,000356	88,3	0,0000	0,5671	0,2973	abgel.	0,0000
0,2968	0,0502	0,7545	0,000679	0,001197	0,000356	90,3	0,0000	0,5671	0,2973	abgel.	0,0000
0,3450	0,0501	0,7896	0,000679	0,001197	0,000356	94,5	0,0000	0,5671	0,2973	abgel.	0,0000
0,3951	0,0497	0,7998	0,000679	0,001197	0,000356	95,8	0,0000	0,5671	0,2973	abgel.	0,0000
0,4464	0,0488	0,8076	0,000679	0,001197	0,000356	96,7	0,0000	0,5671	0,2973	abgel.	0,0000
0,4983	0,0474	0,8120	0,000679	0,001197	0,000356	97,2	0,0000	0,5671	0,2973	abgel.	0,0000
0,5502	0,0454	0,8157	0,000679	0,001197	0,000356	97,7	0,0000	0,5671	0,2973	abgel.	0,0000
0,6017	0,0427	0,8232	0,000679	0,001197	0,000356	98,6	0,0000	0,5671	0,2973	abgel.	0,0000
0,6522	0,0396	0,8248	0,000679	0,001197	0,000356	98,8	0,0000	0,5671	0,2973	abgel.	0,0000

0,7010	0,0359	0,8313	0,000679	0,001197	0,000356	99,5	0,0000	0,5671	0,2973	abgel.	0,0000
0,7477	0,0318	0,8372	0,000679	0,001197	0,000356	100,2	0,0000	0,5671	0,2973	abgel.	0,0000
0,7918	0,0274	0,8442	0,000679	0,001197	0,000356	101,1	0,0000	0,5671	0,2973	abgel.	0,0000
0,8326	0,0229	0,8508	0,000679	0,001197	0,000356	101,9	0,0000	0,5671	0,2973	abgel.	0,0000
0,8699	0,0184	0,8584	0,000679	0,001197	0,000356	102,8	0,0000	0,5671	0,2973	abgel.	0,0000
0,9032	0,0141	0,8641	0,000679	0,001197	0,000356	103,5	0,0000	0,5671	0,2973	abgel.	0,0000
0,9320	0,0101	0,8735	0,000679	0,001197	0,000356	104,6	0,0000	0,5671	0,2973	abgel.	0,0000
0,9560	0,0067	0,8722	0,000679	0,001197	0,000356	104,4	0,0000	0,5671	0,2973	abgel.	0,0000
0,9750	0,0038	0,8780	0,000679	0,001197	0,000356	105,1	0,0000	0,5671	0,2973	abgel.	0,0000
0,9888	0,0017	0,8609	0,000679	0,001197	0,000356	103,1	0,0000	0,5671	0,2973	abgel.	0,0000
0,9971	0,0004	0,7960	0,000679	0,001197	0,000356	95,3	0,0000	0,5671	0,2973	abgel.	0,0000
1,0000	0,0000	0,0932	0,000679	0,001197	0,000356	11,2	0,0000	0,5671	0,2973	abgel.	0,0000

α	Ca	Cw	Cm 0.25		T.U.	T.L.	S.U.	S.L.	GZ	N.P.	D.P.
[°]	[-]	[-]	[-]	[-]	[-]	[-]	[-]	[-]	[-]	[-]	
-29,0	-0,029	0,33177		-0,076	0,935	0,005	0,966	0,026	-0,087	0,498	-2,370
-28,0	-0,031	0,31015		-0,075	0,933	0,005	0,968	0,026	-0,100	0,432	-2,178
-27,0	-0,033	0,29707		-0,075	0,930	0,005	0,970	0,027	-0,112	0,452	-2,002
-26,0	-0,036	0,27409		-0,074	0,928	0,004	0,972	0,026	-0,131	0,452	-1,824
-25,0	-0,039	0,25777		-0,074	0,926	0,005	0,973	0,026	-0,150	0,401	-1,665
-24,0	-0,042	0,24126		-0,074	0,923	0,004	0,974	0,026	-0,173	0,400	-1,511
-23,0	-0,045	0,22164		-0,073	0,921	0,004	0,975	0,026	-0,204	0,375	-1,369
-22,0	-0,049	0,20871		-0,073	0,918	0,004	0,977	0,025	-0,234	0,356	-1,236
-21,0	-0,053	0,19220		-0,072	0,915	0,004	0,977	0,025	-0,276	0,360	-1,114
-20,0	-0,057	0,18064		-0,072	0,912	0,004	0,977	0,024	-0,318	0,361	-0,998
-19,0	-0,062	0,16527		-0,071	0,909	0,004	0,978	0,024	-0,377	0,383	-0,894
-18,0	-0,067	0,15129		-0,070	0,905	0,004	0,978	0,023	-0,446	0,353	-0,794
-17,0	-0,073	0,13808		-0,070	0,898	0,004	0,979	0,022	-0,527	0,382	-0,713
-16,0	-0,078	0,12610		-0,069	0,891	0,004	0,980	0,021	-0,620	0,417	-0,632
-15,0	-0,083	0,11521		-0,068	0,885	0,003	0,981	0,020	-0,724	0,394	-0,570
-14,0	-0,088	0,10483		-0,068	0,878	0,003	0,981	0,019	-0,837	0,743	-0,520
-13,0	-0,090	0,11625		-0,065	0,864	0,003	0,983	0,015	-0,778	1,485	-0,468
-12,0	-0,090	0,10611		-0,065	0,838	0,003	0,986	0,014	-0,851	-0,053	-0,465
-11,0	-0,085	0,08895		-0,063	0,824	0,003	0,986	0,013	-0,958	0,107	-0,493
-10,0	-0,073	0,07930		-0,062	0,811	0,002	0,988	0,011	-0,915	0,192	-0,604
-9,0	-0,049	0,06838		-0,061	0,799	0,002	0,988	0,011	-0,719	0,212	-0,996
-8,0	-0,011	0,05932		-0,060	0,769	0,002	0,990	0,009	-0,188	0,219	-5,097
-7,0	0,044	0,05343		-0,058	0,738	0,002	0,990	0,008	0,830	0,224	1,565
-6,0	0,118	0,04626		-0,056	0,709	0,002	0,991	0,007	2,559	0,255	0,725
-5,0	0,209	0,04116		-0,059	0,675	0,002	0,990	0,008	5,074	0,284	0,533
-4,0	0,311	0,03623		-0,063	0,635	0,003	0,991	0,011	8,572	0,260	0,452
-3,0	0,416	0,03427		-0,061	0,335	0,005	0,991	0,009	12,144	0,260	0,397
-2,0	0,519	0,03205		-0,065	0,326	0,007	0,991	0,012	16,210	0,313	0,375
-1,0	0,619	0,03058		-0,074	0,318	0,007	0,992	0,022	20,232	0,509	0,370
0,0	0,887	0,00824		-0,160	0,312	0,010	0,992	0,999	107,671	0,478	0,430
1,0	1,001	0,00856		-0,161	0,306	0,015	0,994	0,999	116,997	0,262	0,411
2,0	1,115	0,00890		-0,163	0,300	0,049	0,997	0,999	125,332	0,263	0,396
3,0	1,229	0,01045		-0,164	0,293	0,099	1,000	1,000	117,541	0,263	0,384
4,0	1,341	0,00996		-0,166	0,284	0,999	1,000	0,999	134,626	0,263	0,374
5,0	1,452	0,01057		-0,167	0,276	0,999	1,000	0,999	137,360	0,263	0,365

6,0	1,549	0,01378	-0,169	0,005	0,999	0,988	0,999	112,416	0,263	0,359
7,0	1,627	0,01809	-0,170	0,003	0,999	0,971	0,999	89,934	0,265	0,354
8,0	1,684	0,01997	-0,171	0,003	0,999	0,949	1,000	84,300	0,707	0,351
9,0	1,396	0,05421	-0,064	0,002	1,000	0,007	1,000	25,748	0,589	0,296
10,0	1,363	0,06216	-0,062	0,001	1,000	0,005	1,000	21,924	0,250	0,295
11,0	1,286	0,07177	-0,064	0,000	1,000	0,006	1,000	17,919	0,248	0,300
12,0	1,173	0,08404	-0,062	0,000	1,000	0,005	1,000	13,956	0,268	0,303
13,0	1,039	0,09948	-0,060	0,000	1,000	0,004	1,000	10,444	0,248	0,307
14,0	0,900	0,11148	-0,063	0,000	1,000	0,005	1,000	8,077	0,226	0,320
15,0	0,768	0,12769	-0,066	0,000	1,000	0,006	1,000	6,018	0,229	0,336
16,0	0,650	0,14121	-0,068	0,000	1,000	0,006	1,000	4,602	0,231	0,355
17,0	0,547	0,16305	-0,070	0,000	1,000	0,007	1,000	3,357	0,180	0,379
18,0	0,462	0,15768	-0,081	0,000	1,000	0,013	1,000	2,927	0,159	0,426
19,0	0,390	0,17150	-0,085	0,000	1,000	0,016	1,000	2,272	0,204	0,467
20,0	0,330	0,18967	-0,087	0,000	1,000	0,017	1,000	1,742	0,208	0,515
21,0	0,281	0,20953	-0,089	0,000	1,000	0,018	1,000	1,343	0,148	0,567
22,0	0,241	0,22303	-0,097	0,000	1,000	0,025	1,000	1,082	0,117	0,650
23,0	0,208	0,24124	-0,099	0,000	1,000	0,027	1,000	0,862	0,243	0,726
24,0	0,180	0,26495	-0,097	0,000	1,000	0,023	1,000	0,679	0,198	0,788
25,0	0,157	0,28405	-0,102	0,000	1,000	0,027	1,000	0,553	0,129	0,897
26,0	0,138	0,30623	-0,102	0,000	0,999	0,026	0,999	0,449	0,167	0,992
27,0	0,121	0,32472	-0,105	0,001	0,998	0,028	0,999	0,373	0,063	1,113
28,0	0,107	0,34817	-0,108	0,001	0,998	0,031	0,999	0,309	0,081	1,252
29,0	0,096	0,36981	-0,109	0,001	0,998	0,031	0,999	0,259	0,231	1,389
30,0	0,085	0,40376	-0,108	0,001	0,998	0,028	0,999	0,212	0,327	1,516

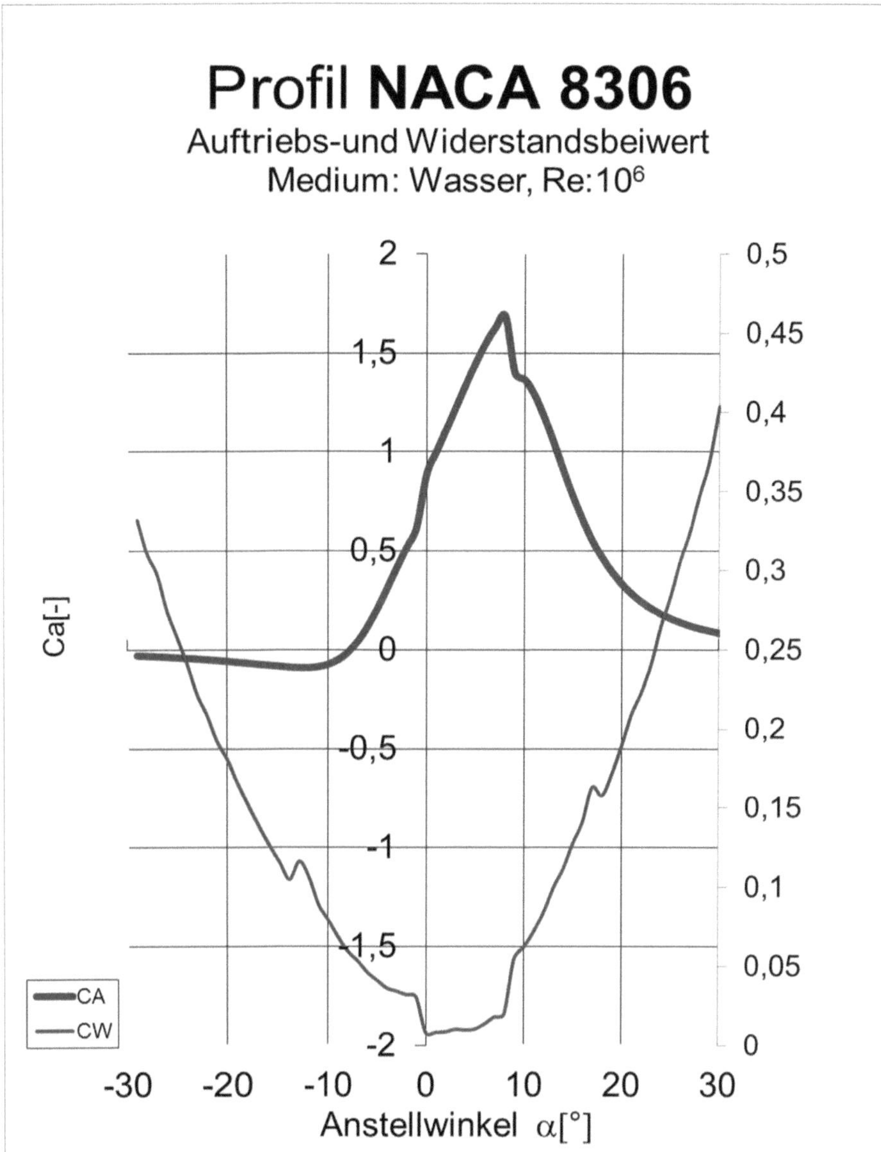
Profil NACA 8306
Auftriebs-und Widerstandsbeiwert
Medium: Wasser, Re:10^6
Ca[-]
2
1,5
1
0,5
0
-0,5
-1
-1,5
-2
0,5
0,45
0,4
0,35
0,3
0,25
0,2
0,15
0,1
0,05
0
-30
-20
-10
0
10
20
30
Anstellwinkel α[°]
CA
CW

NACA 10306 Re 1000000 Wasser

x/l	y/l	v/V	δ_1	δ_2	δ_3	Reδ_2	C_f	H_12	H_32	Zust.	y1
[-]	[-]	[-]	[-]	[-]	[-]	[-]	[-]	[-]	[-]	[-]	[%]
1,0000	0,0000	0,1068	0,021151	0,008960	0,011084	95,6	0,0000	2,3608	1,2371	abgel.	0,0000
0,9975	0,0010	0,8062	0,021151	0,008960	0,011084	722,3	0,0000	2,3608	1,2371	abgel.	0,0000
0,9895	0,0038	0,9254	0,021151	0,008960	0,011084	829,1	0,0000	2,3608	1,2371	abgel.	0,0000
0,9761	0,0085	0,9861	0,021151	0,008960	0,011084	883,5	0,0000	2,3608	1,2371	turb.	0,0000
0,9577	0,0149	1,0408	0,011048	0,005679	0,008945	608,6	0,0018	1,9454	1,5750	turb.	0,0333
0,9343	0,0226	1,0724	0,008682	0,004902	0,007914	545,1	0,0024	1,7710	1,6143	turb.	0,0288
0,9062	0,0316	1,1124	0,007344	0,004356	0,007129	498,6	0,0028	1,6861	1,6368	turb.	0,0266
0,8736	0,0415	1,1447	0,006200	0,003836	0,006359	453,0	0,0032	1,6160	1,6575	turb.	0,0249
0,8369	0,0521	1,1812	0,005456	0,003449	0,005753	417,2	0,0035	1,5820	1,6683	turb.	0,0240
0,7966	0,0629	1,2102	0,004707	0,003044	0,005115	378,7	0,0038	1,5462	1,6803	turb.	0,0230
0,7529	0,0738	1,2439	0,004197	0,002737	0,004611	347,7	0,0039	1,5333	1,6848	turb.	0,0225
0,7063	0,0843	1,2708	0,003738	0,002448	0,004129	317,5	0,0041	1,5270	1,6870	turb.	0,0222
0,6574	0,0942	1,2973	0,003284	0,002157	0,003643	286,2	0,0042	1,5224	1,6886	turb.	0,0218
0,6067	0,1033	1,3266	0,002972	0,001929	0,003245	260,2	0,0042	1,5407	1,6822	turb.	0,0219
0,5548	0,1112	1,3490	0,002661	0,001694	0,002833	232,9	0,0041	1,5707	1,6722	turb.	0,0222
0,5022	0,1179	1,3751	0,002416	0,001480	0,002447	207,5	0,0038	1,6319	1,6529	turb.	0,0230
0,4494	0,1232	1,4022	0,002320	0,001303	0,002101	185,7	0,0031	1,7807	1,6123	turb.	0,0256
0,3972	0,1269	1,4261	0,002267	0,001106	0,001721	162,1	0,0021	2,0494	1,5558	turb.	0,0309
0,3460	0,1292	1,4660	0,002676	0,000848	0,001298	130,7	0,0014	3,1567	1,5314	lam.	0,0373
0,2964	0,1298	1,5430	0,001602	0,000653	0,001038	104,3	0,0051	2,4528	1,5893	lam.	0,0198
0,2467	0,1266	1,5960	0,001359	0,000571	0,000914	89,6	0,0066	2,3785	1,5991	lam.	0,0174
0,2002	0,1183	1,5667	0,001183	0,000507	0,000815	76,5	0,0082	2,3320	1,6056	lam.	0,0156
0,1576	0,1061	1,5064	0,001059	0,000457	0,000735	64,8	0,0099	2,3157	1,6080	lam.	0,0142
0,1193	0,0910	1,4161	0,000952	0,000410	0,000659	53,6	0,0119	2,3218	1,6071	lam.	0,0130
0,0860	0,0744	1,3076	0,000815	0,000354	0,000569	42,2	0,0155	2,3030	1,6098	lam.	0,0114
0,0578	0,0575	1,1915	0,000686	0,000297	0,000479	31,1	0,0209	2,3061	1,6094	lam.	0,0098
0,0350	0,0412	1,0470	0,000507	0,000223	0,000360	19,8	0,0343	2,2726	1,6144	lam.	0,0076
0,0177	0,0267	0,8844	0,000296	0,000132	0,000215	8,5	0,0842	2,2354	1,6201	lam.	0,0049
0,0061	0,0146	0,6386	0,000126	0,000056	0,000091	0,8	0,0001	2,2364	1,6200	lam.	0,1414
0,0002	0,0056	0,1229	0,000001	0,000000	0,000001	0,0	0,0000	2,2364	1,6200	lam.	0,0000
0,0000	0,0000	1,2777	0,000102	0,000046	0,000074	1,1	0,0001	2,2364	1,6200	lam.	0,1414
0,0053	-0,0020	1,5409	0,000205	0,000092	0,000148	6,9	0,1036	2,2361	1,6200	lam.	0,0044
0,0157	-0,0003	1,2286	0,000619	0,001605	0,000323	197,2	0,0000	0,3860	0,2012	lam.	0,0000
0,0312	0,0046	1,0654	0,000619	0,001605	0,000323	171,0	0,0000	0,3860	0,2012	abgel.	0,0000
0,0515	0,0123	0,9435	0,000619	0,001605	0,000323	151,4	0,0000	0,3860	0,2012	abgel.	0,0000
0,0762	0,0219	0,8573	0,000619	0,001605	0,000323	137,6	0,0000	0,3860	0,2012	abgel.	0,0000
0,1050	0,0326	0,7915	0,000619	0,001605	0,000323	127,0	0,0000	0,3860	0,2012	abgel.	0,0000
0,1375	0,0436	0,7348	0,000619	0,001605	0,000323	117,9	0,0000	0,3860	0,2012	abgel.	0,0000
0,1733	0,0537	0,6973	0,000619	0,001605	0,000323	111,9	0,0000	0,3860	0,2012	abgel.	0,0000
0,2120	0,0621	0,6712	0,000619	0,001605	0,000323	107,7	0,0000	0,3860	0,2012	abgel.	0,0000
0,2533	0,0679	0,6598	0,000619	0,001605	0,000323	105,9	0,0000	0,3860	0,2012	abgel.	0,0000
0,2969	0,0702	0,6835	0,000619	0,001605	0,000323	109,7	0,0000	0,3860	0,2012	abgel.	0,0000
0,3449	0,0700	0,7246	0,000619	0,001605	0,000323	116,3	0,0000	0,3860	0,2012	abgel.	0,0000
0,3949	0,0693	0,7384	0,000619	0,001605	0,000323	118,5	0,0000	0,3860	0,2012	abgel.	0,0000
0,4461	0,0679	0,7489	0,000619	0,001605	0,000323	120,2	0,0000	0,3860	0,2012	abgel.	0,0000
0,4978	0,0658	0,7548	0,000619	0,001605	0,000323	121,1	0,0000	0,3860	0,2012	abgel.	0,0000
0,5497	0,0628	0,7626	0,000619	0,001605	0,000323	122,4	0,0000	0,3860	0,2012	abgel.	0,0000
0,6012	0,0590	0,7698	0,000619	0,001605	0,000323	123,5	0,0000	0,3860	0,2012	abgel.	0,0000
0,6516	0,0545	0,7759	0,000619	0,001605	0,000323	124,5	0,0000	0,3860	0,2012	abgel.	0,0000
0,7004	0,0493	0,7844	0,000619	0,001605	0,000323	125,9	0,0000	0,3860	0,2012	abgel.	0,0000

0,7471	0,0436	0,7922	0,000619	0,001605	0,000323	127,1	0,0000	0,3860	0,2012	abgel.	0,0000
0,7912	0,0375	0,8028	0,000619	0,001605	0,000323	128,8	0,0000	0,3860	0,2012	abgel.	0,0000
0,8322	0,0313	0,8108	0,000619	0,001605	0,000323	130,1	0,0000	0,3860	0,2012	abgel.	0,0000
0,8695	0,0251	0,8227	0,000619	0,001605	0,000323	132,0	0,0000	0,3860	0,2012	abgel.	0,0000
0,9028	0,0192	0,8326	0,000619	0,001605	0,000323	133,6	0,0000	0,3860	0,2012	abgel.	0,0000
0,9317	0,0138	0,8419	0,000619	0,001605	0,000323	135,1	0,0000	0,3860	0,2012	abgel.	0,0000
0,9558	0,0091	0,8472	0,000619	0,001605	0,000323	136,0	0,0000	0,3860	0,2012	abgel.	0,0000
0,9749	0,0052	0,8536	0,000619	0,001605	0,000323	137,0	0,0000	0,3860	0,2012	abgel.	0,0000
0,9887	0,0024	0,8290	0,000619	0,001605	0,000323	133,1	0,0000	0,3860	0,2012	abgel.	0,0000
0,9970	0,0006	0,7729	0,000619	0,001605	0,000323	124,0	0,0000	0,3860	0,2012	abgel.	0,0000
1,0000	0,0000	0,1068	0,000619	0,001605	0,000323	17,1	0,0000	0,3860	0,2012	abgel.	0,0000

α	Ca	Cw	Cm 0.25		T.U.	T.L.	S.U.	S.L.	GZ	N.P.	D.P.
[°]	[-]	[-]	[-]	[-]	[-]	[-]	[-]	[-]	[-]	[-]	
-29,0	-0,025	0,32377		-0,095	0,921	0,005	0,966	0,027	-0,076	0,786	-3,594
-28,0	-0,026	0,30395		-0,094	0,919	0,005	0,967	0,027	-0,087	0,731	-3,330
-27,0	-0,028	0,28549		-0,093	0,917	0,005	0,968	0,027	-0,098	0,598	-3,084
-26,0	-0,030	0,26507		-0,093	0,916	0,005	0,968	0,027	-0,113	0,533	-2,858
-25,0	-0,032	0,24660		-0,092	0,914	0,005	0,968	0,027	-0,129	0,500	-2,643
-24,0	-0,034	0,23586		-0,092	0,911	0,004	0,969	0,026	-0,145	0,474	-2,444
-23,0	-0,036	0,21726		-0,091	0,909	0,005	0,970	0,026	-0,168	0,514	-2,255
-22,0	-0,039	0,20095		-0,091	0,906	0,005	0,972	0,026	-0,194	0,473	-2,076
-21,0	-0,042	0,18863		-0,090	0,897	0,004	0,975	0,025	-0,221	0,443	-1,918
-20,0	-0,044	0,17404		-0,090	0,889	0,004	0,977	0,025	-0,255	0,510	-1,771
-19,0	-0,047	0,16083		-0,089	0,881	0,004	0,977	0,024	-0,293	0,502	-1,635
-18,0	-0,050	0,14799		-0,088	0,874	0,004	0,978	0,023	-0,336	0,553	-1,521
-17,0	-0,052	0,13586		-0,087	0,864	0,004	0,979	0,022	-0,384	0,822	-1,420
-16,0	-0,054	0,12478		-0,086	0,855	0,003	0,979	0,020	-0,434	1,033	-1,334
-15,0	-0,055	0,11525		-0,085	0,847	0,003	0,980	0,019	-0,478	14,585	-1,293
-14,0	-0,054	0,10231		-0,082	0,840	0,004	0,980	0,016	-0,531	-0,566	-1,263
-13,0	-0,051	0,12304		-0,082	0,818	0,003	0,982	0,016	-0,415	0,058	-1,350
-12,0	-0,044	0,10397		-0,080	0,798	0,003	0,983	0,014	-0,422	0,149	-1,580
-11,0	-0,031	0,09317		-0,080	0,781	0,002	0,984	0,013	-0,328	0,196	-2,358
-10,0	-0,009	0,08077		-0,078	0,767	0,002	0,984	0,012	-0,106	0,207	-8,896
-9,0	0,025	0,06788		-0,077	0,754	0,003	0,985	0,011	0,375	0,220	3,285
-8,0	0,075	0,05929		-0,076	0,722	0,002	0,986	0,010	1,267	0,222	1,258
-7,0	0,143	0,05218		-0,074	0,687	0,002	0,987	0,009	2,749	0,230	0,766
-6,0	0,231	0,04645		-0,073	0,652	0,002	0,988	0,008	4,978	0,220	0,564
-5,0	0,336	0,04300		-0,068	0,626	0,001	0,989	0,005	7,814	0,246	0,453
-4,0	0,452	0,03860		-0,072	0,335	0,002	0,987	0,007	11,715	0,294	0,409
-3,0	0,572	0,03469		-0,079	0,326	0,003	0,988	0,011	16,492	0,277	0,388
-2,0	0,688	0,03231		-0,078	0,318	0,006	0,989	0,010	21,278	0,266	0,364
-1,0	0,794	0,03199		-0,082	0,311	0,007	0,990	0,012	24,806	0,299	0,354
0,0	1,108	0,00751		-0,099	0,306	0,008	0,991	0,029	147,504	0,529	0,339
1,0	1,221	0,00928		-0,202	0,301	0,011	0,991	0,999	131,618	0,713	0,415
2,0	1,334	0,00974		-0,203	0,296	0,028	0,992	0,999	136,847	0,266	0,403

3,0	1,446	0,01037	-0,205	0,289	0,049	0,996	1,000	139,534	0,267	0,392
4,0	1,559	0,01235	-0,207	0,282	0,095	1,000	1,000	126,274	0,268	0,383
5,0	1,670	0,01298	-0,209	0,276	0,132	1,000	1,000	128,673	0,267	0,375
6,0	1,779	0,01317	-0,211	0,272	0,999	1,000	0,999	135,034	0,257	0,369
7,0	1,851	0,02104	-0,211	0,004	0,999	0,938	0,999	87,957	0,254	0,364
8,0	1,913	0,02316	-0,212	0,002	0,999	0,917	0,999	82,579	0,270	0,361
9,0	1,950	0,02579	-0,213	0,001	0,999	0,890	0,999	75,613	0,647	0,359
10,0	1,576	0,06088	-0,078	0,001	0,999	0,006	1,000	25,887	0,545	0,300
11,0	1,500	0,07096	-0,080	0,000	1,000	0,006	1,000	21,135	0,253	0,303
12,0	1,379	0,08152	-0,077	0,000	1,000	0,005	1,000	16,913	0,274	0,306
13,0	1,229	0,09446	-0,073	0,000	1,000	0,003	1,000	13,008	0,257	0,309
14,0	1,068	0,10739	-0,075	0,000	1,000	0,004	1,000	9,947	0,235	0,320
15,0	0,912	0,12433	-0,078	0,000	1,000	0,004	1,000	7,336	0,235	0,335
16,0	0,770	0,13830	-0,080	0,000	1,000	0,005	1,000	5,566	0,226	0,354
17,0	0,646	0,15785	-0,084	0,000	1,000	0,006	1,000	4,093	0,218	0,380
18,0	0,541	0,17705	-0,087	0,000	1,000	0,006	1,000	3,058	0,156	0,411
19,0	0,455	0,17224	-0,102	0,000	1,000	0,013	1,000	2,643	0,136	0,474
20,0	0,384	0,18923	-0,105	0,000	1,000	0,014	1,000	2,027	0,180	0,524
21,0	0,325	0,20418	-0,111	0,000	0,999	0,018	1,000	1,592	0,139	0,592
22,0	0,277	0,22128	-0,117	0,000	0,998	0,022	0,999	1,252	0,113	0,672
23,0	0,238	0,23974	-0,123	0,000	0,998	0,027	0,999	0,991	0,132	0,769
24,0	0,205	0,25752	-0,125	0,000	0,998	0,028	0,999	0,795	0,197	0,863
25,0	0,177	0,27884	-0,126	0,000	0,998	0,027	0,999	0,636	0,178	0,962
26,0	0,155	0,30040	-0,129	0,000	0,998	0,029	0,999	0,515	0,127	1,084
27,0	0,136	0,32544	-0,132	0,000	0,998	0,030	0,999	0,417	0,115	1,219
28,0	0,120	0,34331	-0,134	0,000	0,998	0,031	0,999	0,349	0,115	1,368
29,0	0,106	0,36805	-0,136	0,000	0,998	0,031	0,999	0,288	0,105	1,528
30,0	0,094	0,39334	-0,137	0,000	0,998	0,032	0,999	0,240	0,093	1,705

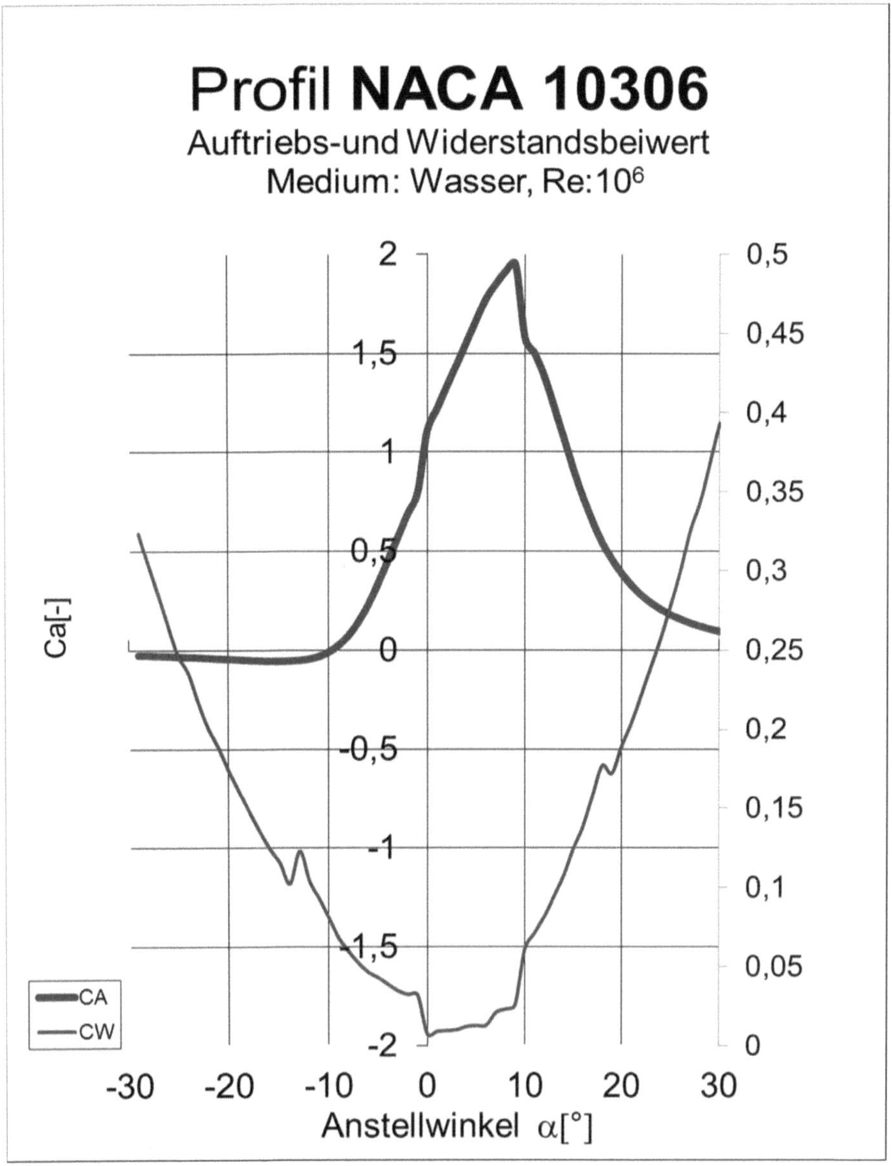
Profil NACA 10306
Auftriebs-und Widerstandsbeiwert
Medium: Wasser, Re:10⁶
Ca[-]
2
1,5
1
0,5
0
-0,5
-1
-1,5
-2
0,5
0,45
0,4
0,35
0,3
0,25
0,2
0,15
0,1
0,05
0
CA
CW
-30
-20
-10
0
10
20
30
Anstellwinkel α[°]

NACA 8309 Re 1000000 Wasser

x/l	y/l	v/V	δ_1	δ_2	δ_3	Reδ_2	C_f	H_12	H_32	Zust.	y1
[-]	[-]	[-]	[-]	[-]	[-]	[-]	[-]	[-]	[-]	[-]	[%]
1,0000	0,0000	0,1406	0,021280	0,009281	0,011092	130,5	0,0000	2,2929	1,1951	abgel.	0,0000
0,9975	0,0009	0,7365	0,021280	0,009281	0,011092	683,9	0,0000	2,2929	1,1951	abgel.	0,0000
0,9895	0,0036	0,8915	0,021280	0,009281	0,011092	827,8	0,0000	2,2929	1,1951	abgel.	0,0000
0,9763	0,0080	0,9593	0,021280	0,009281	0,011092	890,8	0,0000	2,2929	1,1951	turb.	0,0000
0,9579	0,0139	0,9995	0,010595	0,005564	0,008810	583,7	0,0019	1,9044	1,5836	turb.	0,0321
0,9346	0,0213	1,0485	0,008889	0,004974	0,008010	536,4	0,0024	1,7870	1,6103	turb.	0,0291
0,9065	0,0297	1,0778	0,007291	0,004343	0,007117	484,4	0,0029	1,6790	1,6389	turb.	0,0264
0,8740	0,0391	1,1149	0,006247	0,003861	0,006397	443,1	0,0032	1,6180	1,6569	turb.	0,0249
0,8374	0,0491	1,1475	0,005420	0,003439	0,005744	405,4	0,0035	1,5760	1,6703	turb.	0,0238
0,7971	0,0594	1,1786	0,004812	0,003095	0,005193	373,2	0,0037	1,5544	1,6775	turb.	0,0231
0,7534	0,0697	1,2054	0,004238	0,002760	0,004648	340,7	0,0039	1,5355	1,6840	turb.	0,0225
0,7069	0,0798	1,2341	0,003743	0,002454	0,004141	309,8	0,0041	1,5254	1,6875	turb.	0,0221
0,6580	0,0894	1,2616	0,003337	0,002186	0,003689	281,5	0,0042	1,5262	1,6873	turb.	0,0218
0,6073	0,0982	1,2871	0,002979	0,001936	0,003259	254,1	0,0042	1,5382	1,6831	turb.	0,0218
0,5553	0,1060	1,3120	0,002684	0,001709	0,002857	228,3	0,0041	1,5709	1,6721	turb.	0,0221
0,5026	0,1126	1,3355	0,002431	0,001490	0,002464	203,1	0,0038	1,6311	1,6531	turb.	0,0229
0,4498	0,1179	1,3621	0,002308	0,001305	0,002108	181,1	0,0031	1,7687	1,6154	turb.	0,0253
0,3974	0,1217	1,3875	0,002323	0,001125	0,001747	159,8	0,0021	2,0654	1,5530	turb.	0,0312
0,3462	0,1240	1,4203	0,002661	0,000880	0,001354	130,9	0,0018	3,0226	1,5382	lam.	0,0334
0,2964	0,1247	1,4867	0,001764	0,000702	0,001110	107,3	0,0046	2,5136	1,5817	lam.	0,0209
0,2461	0,1219	1,5285	0,001445	0,000603	0,000963	91,5	0,0063	2,3963	1,5967	lam.	0,0178
0,1990	0,1147	1,5162	0,001267	0,000536	0,000858	78,6	0,0076	2,3650	1,6010	lam.	0,0162
0,1559	0,1038	1,4672	0,001115	0,000475	0,000762	66,6	0,0093	2,3451	1,6038	lam.	0,0147
0,1173	0,0903	1,3989	0,000969	0,000416	0,000667	54,6	0,0115	2,3313	1,6057	lam.	0,0132
0,0837	0,0752	1,3122	0,000831	0,000358	0,000575	43,3	0,0147	2,3226	1,6070	lam.	0,0117
0,0555	0,0595	1,2060	0,000672	0,000292	0,000469	31,5	0,0207	2,3062	1,6094	lam.	0,0098
0,0328	0,0441	1,0791	0,000505	0,000222	0,000359	20,5	0,0333	2,2735	1,6143	lam.	0,0078
0,0159	0,0299	0,9137	0,000306	0,000137	0,000221	9,1	0,0780	2,2356	1,6201	lam.	0,0051
0,0048	0,0176	0,6689	0,000113	0,000050	0,000082	0,9	0,0001	2,2364	1,6200	lam.	0,1414
-0,0005	0,0075	0,1556	0,000001	0,000000	0,000001	0,0	0,0000	2,2364	1,6200	lam.	0,0000
0,0000	0,0000	0,8407	0,000111	0,000050	0,000081	1,1	0,0001	2,2364	1,6200	lam.	0,1414
0,0059	-0,0046	1,3348	0,000215	0,000096	0,000156	8,1	0,0884	2,2354	1,6201	lam.	0,0048
0,0170	-0,0061	1,2419	0,000250	0,000111	0,000180	15,1	0,0471	2,2424	1,6191	lam.	0,0065
0,0330	-0,0049	1,1306	0,000797	0,000262	0,000402	32,5	0,0070	3,0462	1,5367	lam.	0,0169
0,0536	-0,0013	1,0296	0,001567	0,001546	0,000811	159,2	0,0000	1,0136	0,5248	turb.	0,0000
0,0785	0,0040	0,9571	0,001567	0,001546	0,000811	148,0	0,0000	1,0136	0,5248	abgel.	0,0000
0,1073	0,0105	0,8935	0,001567	0,001546	0,000811	138,2	0,0000	1,0136	0,5248	abgel.	0,0000
0,1396	0,0174	0,8453	0,001567	0,001546	0,000811	130,7	0,0000	1,0136	0,5248	abgel.	0,0000
0,1750	0,0240	0,8095	0,001567	0,001546	0,000811	125,2	0,0000	1,0136	0,5248	abgel.	0,0000
0,2132	0,0297	0,7809	0,001567	0,001546	0,000811	120,8	0,0000	1,0136	0,5248	abgel.	0,0000
0,2539	0,0336	0,7722	0,001567	0,001546	0,000811	119,4	0,0000	1,0136	0,5248	abgel.	0,0000
0,2969	0,0353	0,7872	0,001567	0,001546	0,000811	121,7	0,0000	1,0136	0,5248	abgel.	0,0000
0,3448	0,0353	0,8209	0,001567	0,001546	0,000811	126,9	0,0000	1,0136	0,5248	abgel.	0,0000
0,3947	0,0352	0,8310	0,001567	0,001546	0,000811	128,5	0,0000	1,0136	0,5248	abgel.	0,0000
0,4457	0,0350	0,8318	0,001567	0,001546	0,000811	128,6	0,0000	1,0136	0,5248	abgel.	0,0000
0,4974	0,0343	0,8360	0,001567	0,001546	0,000811	129,3	0,0000	1,0136	0,5248	abgel.	0,0000
0,5492	0,0332	0,8380	0,001567	0,001546	0,000811	129,6	0,0000	1,0136	0,5248	abgel.	0,0000
0,6006	0,0317	0,8372	0,001567	0,001546	0,000811	129,5	0,0000	1,0136	0,5248	abgel.	0,0000
0,6510	0,0296	0,8411	0,001567	0,001546	0,000811	130,1	0,0000	1,0136	0,5248	abgel.	0,0000
0,6998	0,0271	0,8429	0,001567	0,001546	0,000811	130,4	0,0000	1,0136	0,5248	abgel.	0,0000

0,7466	0,0242	0,8459	0,001567	0,001546	0,000811	130,8	0,0000	1,0136	0,5248	abgel.	0,0000
0,7907	0,0210	0,8494	0,001567	0,001546	0,000811	131,4	0,0000	1,0136	0,5248	abgel.	0,0000
0,8317	0,0176	0,8544	0,001567	0,001546	0,000811	132,1	0,0000	1,0136	0,5248	abgel.	0,0000
0,8691	0,0142	0,8577	0,001567	0,001546	0,000811	132,6	0,0000	1,0136	0,5248	abgel.	0,0000
0,9025	0,0109	0,8619	0,001567	0,001546	0,000811	133,3	0,0000	1,0136	0,5248	abgel.	0,0000
0,9315	0,0079	0,8599	0,001567	0,001546	0,000811	133,0	0,0000	1,0136	0,5248	abgel.	0,0000
0,9556	0,0052	0,8612	0,001567	0,001546	0,000811	133,2	0,0000	1,0136	0,5248	abgel.	0,0000
0,9748	0,0030	0,8522	0,001567	0,001546	0,000811	131,8	0,0000	1,0136	0,5248	abgel.	0,0000
0,9886	0,0014	0,8193	0,001567	0,001546	0,000811	126,7	0,0000	1,0136	0,5248	abgel.	0,0000
0,9970	0,0003	0,7525	0,001567	0,001546	0,000811	116,4	0,0000	1,0136	0,5248	abgel.	0,0000
1,0000	0,0000	0,1406	0,001567	0,001546	0,000811	21,7	0,0000	1,0136	0,5248	abgel.	0,0000

α	Ca	Cw	Cm 0.25		T.U.	T.L.	S.U.	S.L.	GZ	N.P.	D.P.
[°]	[-]	[-]	[-]	[-]	[-]	[-]	[-]	[-]	[-]	[-]	
-29,0	-0,106	0,35318		-0,078	0,939	0,003	0,969	0,028	-0,300	0,365	-0,487
-28,0	-0,113	0,33858		-0,077	0,938	0,003	0,969	0,028	-0,334	0,371	-0,434
-27,0	-0,121	0,31730		-0,076	0,938	0,003	0,968	0,027	-0,380	0,357	-0,384
-26,0	-0,129	0,29958		-0,076	0,937	0,003	0,968	0,027	-0,430	0,353	-0,338
-25,0	-0,137	0,27582		-0,075	0,936	0,003	0,968	0,026	-0,498	0,356	-0,293
-24,0	-0,147	0,25850		-0,074	0,930	0,003	0,973	0,025	-0,568	0,323	-0,252
-23,0	-0,157	0,24662		-0,073	0,921	0,003	0,977	0,025	-0,636	0,337	-0,217
-22,0	-0,168	0,22284		-0,072	0,914	0,003	0,978	0,023	-0,752	0,358	-0,180
-21,0	-0,179	0,21329		-0,071	0,907	0,002	0,979	0,022	-0,838	0,327	-0,147
-20,0	-0,190	0,19597		-0,070	0,899	0,003	0,980	0,021	-0,970	0,363	-0,120
-19,0	-0,201	0,17911		-0,068	0,892	0,003	0,981	0,019	-1,124	0,417	-0,090
-18,0	-0,212	0,19938		-0,067	0,886	0,003	0,982	0,017	-1,063	0,379	-0,064
-17,0	-0,222	0,17308		-0,066	0,879	0,002	0,982	0,016	-1,281	0,349	-0,047
-16,0	-0,229	0,16544		-0,065	0,872	0,002	0,983	0,015	-1,385	0,470	-0,033
-15,0	-0,233	0,14154		-0,063	0,859	0,002	0,984	0,013	-1,648	0,682	-0,021
-14,0	-0,232	0,12633		-0,064	0,847	0,002	0,985	0,013	-1,839	0,287	-0,023
-13,0	-0,224	0,10889		-0,064	0,834	0,003	0,985	0,013	-2,061	0,257	-0,033
-12,0	-0,207	0,09262		-0,064	0,817	0,003	0,986	0,013	-2,240	0,269	-0,057
-11,0	-0,179	0,08156		-0,064	0,802	0,003	0,987	0,014	-2,198	0,268	-0,109
-10,0	-0,138	0,07107		-0,065	0,775	0,004	0,988	0,014	-1,942	0,238	-0,220
-9,0	-0,083	0,06152		-0,063	0,746	0,005	0,990	0,012	-1,348	0,232	-0,513
-8,0	-0,014	0,05377		-0,063	0,720	0,006	0,990	0,012	-0,266	0,256	-4,133
-7,0	0,066	0,04768		-0,064	0,693	0,007	0,990	0,013	1,388	0,271	1,219
-6,0	0,156	0,04218		-0,066	0,665	0,007	0,990	0,015	3,700	0,267	0,675
-5,0	0,250	0,03768		-0,067	0,628	0,008	0,990	0,015	6,632	0,295	0,519
-4,0	0,347	0,03395		-0,075	0,584	0,009	0,990	0,025	10,236	0,346	0,466
-3,0	0,449	0,03173		-0,086	0,337	0,010	0,990	0,049	14,143	0,436	0,442
-2,0	0,570	0,02230		-0,116	0,326	0,011	0,989	0,211	25,565	0,460	0,454
-1,0	0,799	0,00823		-0,160	0,318	0,014	0,990	0,998	97,069	0,381	0,450
0,0	0,915	0,00752		-0,161	0,311	0,025	0,990	0,998	121,688	0,262	0,426
1,0	1,031	0,00772		-0,163	0,306	0,039	0,989	0,999	133,562	0,263	0,408
2,0	1,146	0,00795		-0,164	0,300	0,070	0,989	0,999	144,114	0,264	0,393
3,0	1,261	0,00830		-0,166	0,292	0,104	0,988	0,999	151,806	0,264	0,382
4,0	1,374	0,00769		-0,167	0,282	0,998	0,986	0,998	178,688	0,265	0,372
5,0	1,486	0,00827		-0,169	0,274	0,998	0,984	0,998	179,612	0,266	0,364

6,0	1,597	0,00890	-0,171	0,268	0,998	0,982	0,998	179,414	0,266	0,357
7,0	1,706	0,01260	-0,173	0,262	0,998	0,978	0,998	135,330	0,268	0,351
8,0	1,791	0,01342	-0,174	0,256	0,998	0,970	0,999	133,485	0,256	0,347
9,0	1,834	0,02347	-0,173	0,004	0,999	0,889	0,999	78,122	0,249	0,345
10,0	1,876	0,02627	-0,174	0,003	0,999	0,860	0,999	71,428	0,277	0,343
11,0	1,895	0,02958	-0,175	0,002	0,999	0,826	0,999	64,066	0,344	0,342
12,0	1,889	0,03367	-0,176	0,001	0,999	0,786	0,999	56,103	0,235	0,343
13,0	1,857	0,03872	-0,176	0,001	0,999	0,741	1,000	47,956	0,247	0,345
14,0	1,804	0,04449	-0,176	0,001	0,999	0,698	1,000	40,548	0,251	0,347
15,0	1,730	0,05191	-0,176	0,001	1,000	0,650	1,000	33,324	0,258	0,351
16,0	1,630	0,06147	-0,174	0,000	1,000	0,590	1,000	26,517	0,471	0,357
17,0	1,317	0,13797	-0,084	0,000	1,000	0,014	1,000	9,546	0,497	0,314
18,0	1,199	0,15424	-0,068	0,000	1,000	0,005	1,000	7,775	0,312	0,307
19,0	1,084	0,17236	-0,070	-0,000	1,000	0,005	1,000	6,289	0,247	0,314
20,0	0,973	0,19491	-0,069	-0,000	1,000	0,004	1,000	4,990	0,247	0,321
21,0	0,869	0,21522	-0,070	-0,000	1,000	0,005	1,000	4,036	0,190	0,331
22,0	0,774	0,23940	-0,081	-0,000	1,000	0,008	1,000	3,234	0,148	0,354
23,0	0,689	0,26150	-0,089	-0,000	1,000	0,013	1,000	2,637	0,186	0,379
24,0	0,613	0,28103	-0,091	-0,000	1,000	0,013	1,000	2,183	0,223	0,398
25,0	0,546	0,31035	-0,092	-0,000	1,000	0,014	1,000	1,760	0,231	0,419
26,0	0,487	0,33550	-0,093	-0,000	1,000	0,013	1,000	1,452	0,224	0,441
27,0	0,435	0,35540	-0,095	-0,000	1,000	0,014	1,000	1,225	0,210	0,469
28,0	0,390	0,38515	-0,097	-0,000	0,999	0,014	1,000	1,013	0,205	0,499
29,0	0,351	0,40831	-0,099	-0,000	0,999	0,015	0,999	0,859	0,198	0,533
30,0	0,316	0,43224	-0,101	-0,000	0,998	0,016	0,999	0,731	0,201	0,569

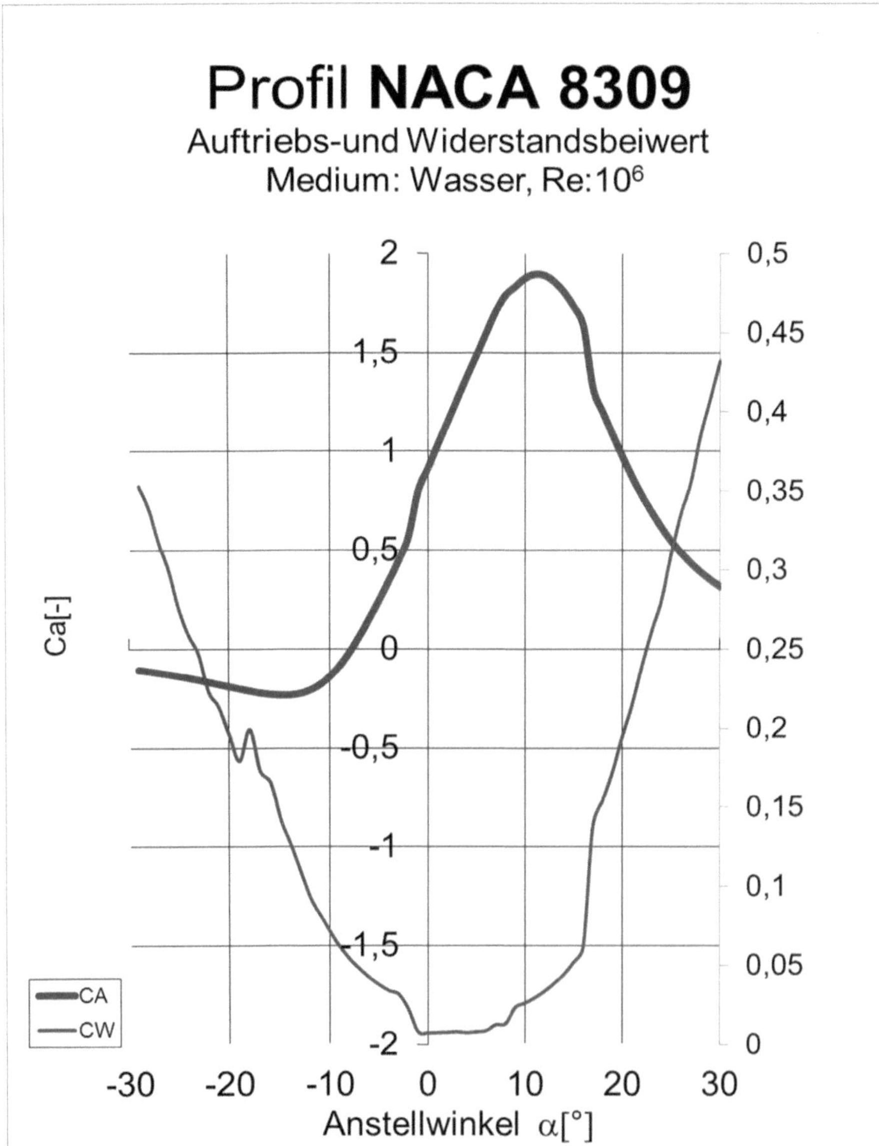
Profil NACA 8309
Auftriebs-und Widerstandsbeiwert
Medium: Wasser, Re:10⁶
Ca[-]
2
1,5
1
0,5
0
-0,5
-1
-1,5
-2
0,5
0,45
0,4
0,35
0,3
0,25
0,2
0,15
0,1
0,05
0
CA
CW
-30
-20
-10
0
10
20
30
Anstellwinkel α[°]

NACA 10309 Re 1000000 Wasser

x/l	y/l	v/V	δ_1	δ_2	δ_3	Reδ_2	C_f	H_12	H_32	Zust.	y1
[-]	[-]	[-]	[-]	[-]	[-]	[-]	[-]	[-]	[-]	[-]	[%]
1,0000	0,0000	0,1541	0,020935	0,010890	0,010859	168,0	0,0000	1,9224	0,9971	abgel.	0,0000
0,9976	0,0011	0,7438	0,020935	0,010890	0,010859	810,9	0,0000	1,9224	0,9971	abgel.	0,0000
0,9896	0,0042	0,8892	0,020935	0,010890	0,010859	969,4	0,0000	1,9224	0,9971	abgel.	0,0000
0,9765	0,0093	0,9611	0,020935	0,010890	0,010859	1047,7	0,0000	1,9224	0,9971	abgel.	0,0000
0,9582	0,0163	1,0191	0,020935	0,010890	0,010859	1110,9	0,0000	1,9224	0,9971	turb.	0,0000
0,9349	0,0248	1,0580	0,010412	0,005419	0,008561	598,4	0,0019	1,9216	1,5800	turb.	0,0326
0,9070	0,0347	1,1032	0,008495	0,004758	0,007665	542,5	0,0024	1,7851	1,6108	turb.	0,0291
0,8746	0,0456	1,1395	0,006926	0,004125	0,006760	487,2	0,0029	1,6791	1,6389	turb.	0,0264
0,8381	0,0573	1,1804	0,005883	0,003632	0,006016	442,2	0,0032	1,6197	1,6564	turb.	0,0249
0,7979	0,0693	1,2162	0,005107	0,003224	0,005377	403,2	0,0035	1,5839	1,6677	turb.	0,0239
0,7543	0,0813	1,2493	0,004465	0,002861	0,004794	367,1	0,0037	1,5604	1,6755	turb.	0,0232
0,7078	0,0930	1,2815	0,003922	0,002536	0,004260	333,2	0,0039	1,5467	1,6801	turb.	0,0227
0,6589	0,1041	1,3132	0,003454	0,002238	0,003763	301,0	0,0040	1,5433	1,6813	turb.	0,0223
0,6081	0,1143	1,3438	0,003074	0,001976	0,003315	271,4	0,0040	1,5553	1,6773	turb.	0,0223
0,5561	0,1233	1,3721	0,002705	0,001715	0,002865	241,1	0,0040	1,5767	1,6702	turb.	0,0224
0,5032	0,1310	1,4045	0,002478	0,001505	0,002480	215,5	0,0037	1,6467	1,6484	turb.	0,0234
0,4503	0,1370	1,4304	0,002274	0,001288	0,002081	189,0	0,0031	1,7659	1,6161	turb.	0,0253
0,3978	0,1414	1,4660	0,002320	0,001118	0,001734	167,7	0,0020	2,0754	1,5511	turb.	0,0316
0,3463	0,1439	1,4985	0,002647	0,000843	0,001292	133,7	0,0014	3,1387	1,5322	lam.	0,0372
0,2963	0,1447	1,5831	0,001598	0,000650	0,001033	106,6	0,0050	2,4580	1,5886	lam.	0,0200
0,2451	0,1413	1,6369	0,001349	0,000567	0,000907	91,3	0,0065	2,3789	1,5991	lam.	0,0176
0,1973	0,1324	1,6079	0,001169	0,000502	0,000806	77,7	0,0081	2,3288	1,6061	lam.	0,0157
0,1536	0,1192	1,5449	0,001051	0,000453	0,000728	65,8	0,0097	2,3198	1,6074	lam.	0,0143
0,1148	0,1029	1,4490	0,000931	0,000402	0,000647	53,8	0,0119	2,3158	1,6079	lam.	0,0129
0,0812	0,0849	1,3377	0,000801	0,000348	0,000560	42,2	0,0155	2,3034	1,6098	lam.	0,0114
0,0531	0,0664	1,2109	0,000663	0,000290	0,000467	30,8	0,0216	2,2902	1,6118	lam.	0,0096
0,0308	0,0485	1,0585	0,000498	0,000220	0,000356	19,2	0,0360	2,2637	1,6157	lam.	0,0075
0,0143	0,0322	0,8701	0,000301	0,000135	0,000218	8,1	0,0884	2,2352	1,6202	lam.	0,0048
0,0037	0,0184	0,5984	0,000176	0,000079	0,000128	0,6	0,0001	2,2364	1,6200	lam.	0,1414
-0,0010	0,0075	0,0482	0,000001	0,000000	0,000001	0,0	0,0000	2,2364	1,6200	lam.	0,0000
0,0000	0,0000	1,0010	0,000144	0,000064	0,000104	0,8	0,0001	2,2364	1,6200	lam.	0,1414
0,0065	-0,0039	1,4163	0,000205	0,000092	0,000149	7,6	0,0946	2,2352	1,6202	lam.	0,0046
0,0181	-0,0040	1,2430	0,000269	0,000119	0,000192	16,9	0,0414	2,2577	1,6167	lam.	0,0070
0,0346	-0,0009	1,1033	0,000933	0,001656	0,000483	182,9	0,0000	0,5633	0,2915	turb.	0,0000
0,0556	0,0050	0,9893	0,000933	0,001656	0,000483	164,0	0,0000	0,5633	0,2915	abgel.	0,0000
0,0808	0,0130	0,8989	0,000933	0,001656	0,000483	149,0	0,0000	0,5633	0,2915	abgel.	0,0000
0,1098	0,0222	0,8292	0,000933	0,001656	0,000483	137,5	0,0000	0,5633	0,2915	abgel.	0,0000
0,1421	0,0317	0,7745	0,000933	0,001656	0,000483	128,4	0,0000	0,5633	0,2915	abgel.	0,0000
0,1772	0,0406	0,7320	0,000933	0,001656	0,000483	121,3	0,0000	0,5633	0,2915	abgel.	0,0000
0,2149	0,0480	0,7057	0,000933	0,001656	0,000483	117,0	0,0000	0,5633	0,2915	abgel.	0,0000
0,2549	0,0532	0,6906	0,000933	0,001656	0,000483	114,5	0,0000	0,5633	0,2915	abgel.	0,0000
0,2970	0,0552	0,7162	0,000933	0,001656	0,000483	118,7	0,0000	0,5633	0,2915	abgel.	0,0000
0,3447	0,0552	0,7543	0,000933	0,001656	0,000483	125,0	0,0000	0,5633	0,2915	abgel.	0,0000
0,3943	0,0549	0,7658	0,000933	0,001656	0,000483	126,9	0,0000	0,5633	0,2915	abgel.	0,0000
0,4452	0,0541	0,7731	0,000933	0,001656	0,000483	128,2	0,0000	0,5633	0,2915	abgel.	0,0000
0,4968	0,0527	0,7788	0,000933	0,001656	0,000483	129,1	0,0000	0,5633	0,2915	abgel.	0,0000
0,5485	0,0507	0,7820	0,000933	0,001656	0,000483	129,6	0,0000	0,5633	0,2915	abgel.	0,0000
0,5998	0,0480	0,7856	0,000933	0,001656	0,000483	130,2	0,0000	0,5633	0,2915	abgel.	0,0000

0,6501	0,0446	0,7904	0,000933	0,001656	0,000483	131,0	0,0000	0,5633	0,2915	abgel.	0,0000
0,6989	0,0406	0,7946	0,000933	0,001656	0,000483	131,7	0,0000	0,5633	0,2915	abgel.	0,0000
0,7457	0,0360	0,8035	0,000933	0,001656	0,000483	133,2	0,0000	0,5633	0,2915	abgel.	0,0000
0,7899	0,0312	0,8065	0,000933	0,001656	0,000483	133,7	0,0000	0,5633	0,2915	abgel.	0,0000
0,8310	0,0261	0,8146	0,000933	0,001656	0,000483	135,0	0,0000	0,5633	0,2915	abgel.	0,0000
0,8685	0,0210	0,8219	0,000933	0,001656	0,000483	136,2	0,0000	0,5633	0,2915	abgel.	0,0000
0,9020	0,0161	0,8283	0,000933	0,001656	0,000483	137,3	0,0000	0,5633	0,2915	abgel.	0,0000
0,9311	0,0116	0,8316	0,000933	0,001656	0,000483	137,9	0,0000	0,5633	0,2915	abgel.	0,0000
0,9554	0,0076	0,8366	0,000933	0,001656	0,000483	138,7	0,0000	0,5633	0,2915	abgel.	0,0000
0,9746	0,0044	0,8277	0,000933	0,001656	0,000483	137,2	0,0000	0,5633	0,2915	abgel.	0,0000
0,9885	0,0020	0,8024	0,000933	0,001656	0,000483	133,0	0,0000	0,5633	0,2915	abgel.	0,0000
0,9969	0,0005	0,7224	0,000933	0,001656	0,000483	119,8	0,0000	0,5633	0,2915	abgel.	0,0000
1,0000	0,0000	0,1541	0,000933	0,001656	0,000483	25,5	0,0000	0,5633	0,2915	abgel.	0,0000

α	Ca	Cw	Cm 0.25		T.U.	T.L.	S.U.	S.L.	GZ	N.P.	D.P.
[°]	[-]	[-]	[-]	[-]	[-]	[-]	[-]	[-]	[-]	[-]	
-29,0	-0,088	0,34601		-0,099	0,922	0,004	0,972	0,029	-0,254	0,485	-0,872
-28,0	-0,093	0,31906		-0,098	0,920	0,004	0,973	0,028	-0,292	0,452	-0,798
-27,0	-0,099	0,30755		-0,097	0,917	0,004	0,974	0,028	-0,320	0,451	-0,730
-26,0	-0,104	0,28409		-0,095	0,915	0,004	0,975	0,027	-0,367	0,430	-0,663
-25,0	-0,111	0,27050		-0,094	0,912	0,003	0,976	0,027	-0,409	0,414	-0,604
-24,0	-0,117	0,25149		-0,093	0,909	0,004	0,976	0,026	-0,465	0,451	-0,546
-23,0	-0,124	0,23354		-0,092	0,904	0,004	0,977	0,024	-0,530	0,421	-0,492
-22,0	-0,131	0,21953		-0,091	0,894	0,003	0,978	0,024	-0,595	0,398	-0,446
-21,0	-0,137	0,20316		-0,090	0,885	0,003	0,979	0,023	-0,676	0,492	-0,403
-20,0	-0,144	0,18549		-0,088	0,876	0,003	0,980	0,021	-0,776	0,530	-0,359
-19,0	-0,150	0,17679		-0,086	0,866	0,002	0,981	0,019	-0,848	0,533	-0,326
-18,0	-0,155	0,19419		-0,085	0,857	0,003	0,981	0,018	-0,796	0,561	-0,297
-17,0	-0,158	0,18012		-0,084	0,849	0,003	0,982	0,017	-0,875	1,039	-0,282
-16,0	-0,158	0,15950		-0,082	0,841	0,002	0,982	0,015	-0,990	-0,651	-0,269
-15,0	-0,154	0,14174		-0,081	0,827	0,002	0,983	0,014	-1,088	0,058	-0,273
-14,0	-0,145	0,12748		-0,080	0,813	0,002	0,984	0,013	-1,137	0,165	-0,299
-13,0	-0,128	0,11186		-0,079	0,799	0,002	0,984	0,012	-1,149	0,206	-0,361
-12,0	-0,103	0,09779		-0,078	0,777	0,002	0,985	0,012	-1,050	0,259	-0,507
-11,0	-0,066	0,08508		-0,079	0,757	0,003	0,985	0,013	-0,770	0,278	-0,957
-10,0	-0,015	0,07316		-0,080	0,730	0,002	0,986	0,013	-0,210	0,269	-4,965
-9,0	0,049	0,06415		-0,081	0,706	0,003	0,986	0,014	0,758	0,265	1,922
-8,0	0,126	0,05569		-0,082	0,676	0,004	0,987	0,015	2,264	0,242	0,902
-7,0	0,215	0,04798		-0,080	0,646	0,006	0,987	0,012	4,487	0,240	0,621
-6,0	0,313	0,04275		-0,080	0,613	0,007	0,987	0,012	7,332	0,254	0,506
-5,0	0,417	0,03939		-0,081	0,337	0,008	0,984	0,012	10,588	0,271	0,444
-4,0	0,521	0,03587		-0,085	0,328	0,008	0,985	0,015	14,527	0,280	0,412
-3,0	0,623	0,03315		-0,087	0,321	0,009	0,984	0,017	18,797	0,327	0,389
-2,0	0,728	0,03084		-0,100	0,315	0,009	0,984	0,033	23,599	0,435	0,388
-1,0	0,844	0,02664		-0,128	0,310	0,011	0,983	0,107	31,670	0,494	0,401
0,0	1,140	0,01109		-0,201	0,305	0,014	0,982	0,998	102,794	0,433	0,426
1,0	1,255	0,01144		-0,203	0,301	0,027	0,981	0,998	109,658	0,265	0,412

2,0	1,369	0,01187	-0,205	0,297	0,043	0,980	0,999	115,351	0,266	0,400
3,0	1,482	0,01246	-0,207	0,288	0,065	0,978	0,999	118,943	0,267	0,389
4,0	1,593	0,01306	-0,208	0,281	0,097	0,975	0,999	121,949	0,267	0,381
5,0	1,703	0,01369	-0,210	0,276	0,149	0,971	1,000	124,453	0,268	0,374
6,0	1,812	0,01365	-0,212	0,271	0,998	0,967	0,998	132,755	0,269	0,367
7,0	1,918	0,01450	-0,214	0,266	0,998	0,962	0,999	132,336	0,270	0,362
8,0	2,023	0,01536	-0,217	0,261	0,999	0,954	0,999	131,679	0,272	0,357
9,0	2,099	0,01630	-0,219	0,258	0,998	0,944	0,999	128,734	0,240	0,354
10,0	2,110	0,03036	-0,216	0,002	0,999	0,833	0,999	69,495	0,189	0,352
11,0	2,133	0,03407	-0,216	0,001	0,999	0,800	0,999	62,599	0,319	0,351
12,0	2,131	0,03838	-0,217	0,001	0,999	0,765	0,999	55,522	0,213	0,352
13,0	2,104	0,04362	-0,218	0,000	0,999	0,726	0,999	48,239	0,241	0,353
14,0	2,053	0,04973	-0,218	0,000	0,999	0,688	0,999	41,282	0,246	0,356
15,0	1,975	0,05676	-0,218	-0,000	0,999	0,650	0,999	34,801	0,249	0,360
16,0	1,837	0,06539	-0,218	-0,000	0,999	0,611	0,999	28,084	0,250	0,369
17,0	1,681	0,07414	-0,218	-0,000	0,999	0,572	0,999	22,677	0,484	0,380
18,0	1,344	0,15174	-0,103	-0,001	0,999	0,013	1,000	8,860	0,522	0,327
19,0	1,210	0,16888	-0,090	-0,001	0,999	0,006	1,000	7,165	0,249	0,324
20,0	1,084	0,19227	-0,103	-0,001	0,999	0,011	1,000	5,637	0,206	0,345
21,0	0,964	0,21332	-0,101	-0,001	0,999	0,009	1,000	4,519	0,289	0,354
22,0	0,854	0,23957	-0,094	-0,001	0,999	0,006	1,000	3,566	0,261	0,361
23,0	0,757	0,25894	-0,098	-0,001	0,999	0,007	0,999	2,923	0,212	0,380
24,0	0,670	0,28495	-0,101	-0,000	0,999	0,008	0,999	2,352	0,224	0,401
25,0	0,594	0,31694	-0,103	-0,000	0,999	0,008	0,999	1,874	0,209	0,423
26,0	0,528	0,33157	-0,107	-0,000	0,998	0,009	0,999	1,591	0,174	0,453
27,0	0,470	0,36779	-0,112	-0,000	0,998	0,011	0,998	1,277	0,156	0,489
28,0	0,419	0,38583	-0,117	-0,001	0,998	0,013	0,999	1,087	0,173	0,530
29,0	0,375	0,40380	-0,120	-0,000	0,998	0,013	0,998	0,930	0,193	0,568
30,0	0,337	0,44398	-0,122	-0,000	0,998	0,014	0,998	0,759	0,181	0,612

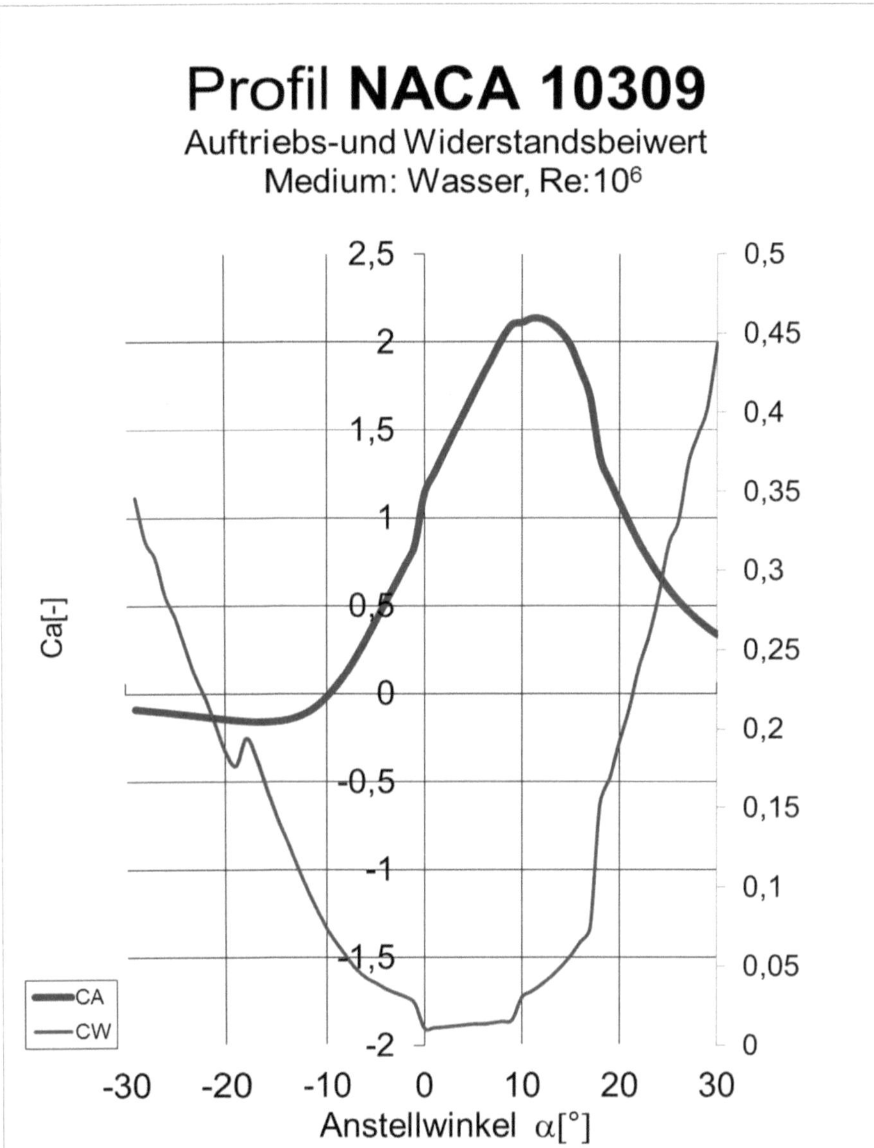

Profil NACA 10309
Auftriebs-und Widerstandsbeiwert
Medium: Wasser, Re:10^6
Ca[-]
2,5
2
1,5
1
0,5
0
-0,5
-1
-1,5
-2
0,5
0,45
0,4
0,35
0,3
0,25
0,2
0,15
0,1
0,05
0
-30
-20
-10
0
10
20
30
Anstellwinkel α[°]
CA
CW

NACA 0008 Re 1000000 Wasser

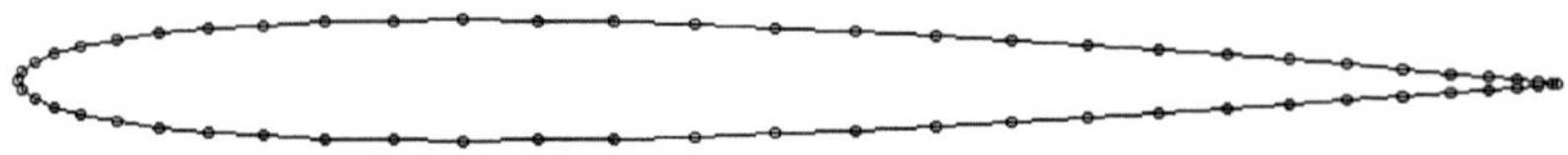

x/l	y/l	v/V	δ_1	δ_2	δ_3	Reδ_2	C_f	H_12	H_32	Zust.	y1
[-]	[-]	[-]	[-]	[-]	[-]	[-]	[-]	[-]	[-]	[-]	[%]
1,0000	0,0000	0,1275	0,013029	0,003229	0,006796	41,2	0,0000	4,0350	2,1046	abgel.	0,0000
0,9973	0,0003	0,8357	0,013029	0,003229	0,006796	269,8	0,0000	4,0350	2,1046	turb.	0,0000
0,9891	0,0010	0,8912	0,006391	0,003380	0,005362	315,1	0,0023	1,8910	1,5864	turb.	0,0296
0,9755	0,0023	0,9328	0,005568	0,003078	0,004941	293,5	0,0026	1,8090	1,6052	turb.	0,0276
0,9568	0,0040	0,9539	0,005048	0,002840	0,004581	275,8	0,0028	1,7773	1,6130	turb.	0,0267
0,9330	0,0061	0,9711	0,004794	0,002673	0,004302	262,8	0,0028	1,7932	1,6092	turb.	0,0269
0,9045	0,0085	0,9830	0,004630	0,002520	0,004029	250,5	0,0026	1,8372	1,5988	turb.	0,0277
0,8716	0,0112	0,9938	0,004450	0,002345	0,003719	236,3	0,0024	1,8971	1,5856	turb.	0,0288
0,8346	0,0142	1,0075	0,004485	0,002210	0,003447	225,0	0,0020	2,0289	1,5596	turb.	0,0316
0,7939	0,0173	1,0178	0,004875	0,002118	0,003211	216,9	0,0014	2,3020	1,5161	turb.	0,0384
0,7500	0,0204	1,0241	0,006387	0,001988	0,003040	205,7	0,0008	3,2134	1,5292	lam.	0,0493
0,7034	0,0236	1,0349	0,005978	0,001890	0,002895	197,1	0,0009	3,1622	1,5313	lam.	0,0461
0,6545	0,0267	1,0426	0,005245	0,001768	0,002725	186,2	0,0014	2,9671	1,5416	lam.	0,0381
0,6040	0,0297	1,0532	0,005090	0,001682	0,002588	178,2	0,0013	3,0252	1,5381	lam.	0,0391
0,5523	0,0324	1,0595	0,004420	0,001552	0,002405	166,3	0,0018	2,8476	1,5498	lam.	0,0329
0,5000	0,0349	1,0714	0,004210	0,001459	0,002257	157,3	0,0018	2,8854	1,5469	lam.	0,0329
0,4477	0,0369	1,0779	0,003637	0,001328	0,002071	144,8	0,0025	2,7379	1,5588	lam.	0,0283
0,3960	0,0385	1,0899	0,003484	0,001240	0,001925	135,7	0,0024	2,8095	1,5527	lam.	0,0289
0,3455	0,0394	1,0945	0,002987	0,001113	0,001740	123,1	0,0032	2,6847	1,5636	lam.	0,0252
0,2966	0,0398	1,1064	0,002719	0,001013	0,001583	112,6	0,0034	2,6853	1,5635	lam.	0,0241
0,2500	0,0394	1,1118	0,002431	0,000907	0,001419	101,4	0,0039	2,6796	1,5640	lam.	0,0228
0,2061	0,0383	1,1181	0,002069	0,000791	0,001243	89,1	0,0048	2,6140	1,5703	lam.	0,0204
0,1654	0,0365	1,1259	0,001785	0,000689	0,001084	77,8	0,0057	2,5902	1,5727	lam.	0,0188
0,1284	0,0339	1,1284	0,001520	0,000588	0,000924	66,3	0,0067	2,5872	1,5730	lam.	0,0173
0,0955	0,0306	1,1285	0,001227	0,000481	0,000758	54,3	0,0086	2,5513	1,5772	lam.	0,0152
0,0670	0,0267	1,1284	0,000939	0,000376	0,000595	42,1	0,0119	2,4985	1,5836	lam.	0,0129
0,0432	0,0222	1,1210	0,000673	0,000276	0,000439	30,3	0,0180	2,4388	1,5913	lam.	0,0105
0,0245	0,0172	1,0966	0,000396	0,000172	0,000276	17,8	0,0367	2,3042	1,6098	lam.	0,0074
0,0109	0,0118	1,0372	0,000205	0,000092	0,000149	6,2	0,1145	2,2352	1,6202	lam.	0,0042
0,0027	0,0061	0,8194	0,000185	0,000083	0,000134	0,6	0,0001	2,2364	1,6200	lam.	0,1414
0,0000	0,0000	0,0000	0,000001	0,000000	0,000001	0,0	0,0000	2,2364	1,6200	lam.	0,0000
0,0027	-0,0061	0,8194	0,000185	0,000083	0,000134	0,6	0,0001	2,2364	1,6200	lam.	0,1414
0,0109	-0,0118	1,0372	0,000205	0,000092	0,000149	6,2	0,1145	2,2352	1,6202	lam.	0,0042
0,0245	-0,0172	1,0966	0,000396	0,000172	0,000276	17,8	0,0367	2,3042	1,6098	lam.	0,0074
0,0432	-0,0222	1,1210	0,000673	0,000276	0,000439	30,3	0,0180	2,4388	1,5913	lam.	0,0105
0,0670	-0,0267	1,1284	0,000939	0,000376	0,000595	42,1	0,0119	2,4985	1,5836	lam.	0,0129
0,0955	-0,0306	1,1285	0,001227	0,000481	0,000758	54,3	0,0086	2,5513	1,5772	lam.	0,0152
0,1284	-0,0339	1,1284	0,001520	0,000588	0,000924	66,3	0,0067	2,5872	1,5730	lam.	0,0173
0,1654	-0,0365	1,1259	0,001785	0,000689	0,001084	77,8	0,0057	2,5902	1,5727	lam.	0,0188
0,2061	-0,0383	1,1181	0,002069	0,000791	0,001243	89,1	0,0048	2,6140	1,5703	lam.	0,0204
0,2500	-0,0394	1,1118	0,002431	0,000907	0,001419	101,4	0,0039	2,6796	1,5640	lam.	0,0228
0,2966	-0,0398	1,1064	0,002719	0,001013	0,001583	112,6	0,0034	2,6853	1,5635	lam.	0,0241
0,3455	-0,0394	1,0945	0,002987	0,001113	0,001740	123,1	0,0032	2,6847	1,5636	lam.	0,0252
0,3960	-0,0385	1,0899	0,003484	0,001240	0,001925	135,7	0,0024	2,8095	1,5527	lam.	0,0289
0,4477	-0,0369	1,0779	0,003637	0,001328	0,002071	144,8	0,0025	2,7379	1,5588	lam.	0,0283
0,5000	-0,0349	1,0714	0,004210	0,001459	0,002257	157,3	0,0018	2,8854	1,5469	lam.	0,0329
0,5523	-0,0324	1,0595	0,004420	0,001552	0,002405	166,3	0,0018	2,8476	1,5498	lam.	0,0329
0,6040	-0,0297	1,0532	0,005090	0,001682	0,002588	178,2	0,0013	3,0252	1,5381	lam.	0,0391
0,6545	-0,0267	1,0426	0,005245	0,001768	0,002725	186,2	0,0014	2,9671	1,5416	lam.	0,0381

0,7034	-0,0236	1,0349	0,005978	0,001890	0,002895	197,1	0,0009	3,1622	1,5313	lam.	0,0461
0,7500	-0,0204	1,0241	0,006387	0,001988	0,003040	205,7	0,0008	3,2134	1,5292	lam.	0,0493
0,7939	-0,0173	1,0178	0,004875	0,002118	0,003211	216,9	0,0014	2,3020	1,5161	turb.	0,0384
0,8346	-0,0142	1,0075	0,004485	0,002210	0,003447	225,0	0,0020	2,0289	1,5596	turb.	0,0316
0,8716	-0,0112	0,9938	0,004450	0,002345	0,003719	236,3	0,0024	1,8971	1,5856	turb.	0,0288
0,9045	-0,0085	0,9830	0,004630	0,002520	0,004029	250,5	0,0026	1,8372	1,5988	turb.	0,0277
0,9330	-0,0061	0,9711	0,004794	0,002673	0,004302	262,8	0,0028	1,7932	1,6092	turb.	0,0269
0,9568	-0,0040	0,9539	0,005048	0,002840	0,004581	275,8	0,0028	1,7773	1,6130	turb.	0,0267
0,9755	-0,0023	0,9328	0,005568	0,003078	0,004941	293,5	0,0026	1,8090	1,6052	turb.	0,0276
0,9891	-0,0010	0,8912	0,006391	0,003380	0,005362	315,1	0,0023	1,8910	1,5864	turb.	0,0296
0,9973	-0,0003	0,8357	0,013029	0,003229	0,006796	269,8	0,0000	4,0350	2,1046	turb.	0,0000
1,0000	0,0000	0,1275	0,013029	0,003229	0,006796	41,2	0,0000	4,0350	2,1046	abgel.	0,0000

α	Ca	Cw	Cm 0.25		T.U.	T.L.	S.U.	S.L.	GZ	N.P.	D.P.	
[°]	[-]	[-]	[-]	[-]	[-]	[-]	[-]	[-]	[-]	[-]		
-29,0	-0,143	0,40035		0,010	0,992	0,002	1,000	0,023	-0,358	0,232	0,320	
-28,0	-0,157	0,36742		0,010	0,992	0,002	1,000	0,023	-0,427	0,233	0,312	
-27,0	-0,172	0,34925		0,010	0,992	0,002	1,000	0,023	-0,494	0,234	0,305	
-26,0	-0,190	0,32306		0,009	0,991	0,002	1,000	0,023	-0,588	0,235	0,299	
-25,0	-0,210	0,29983		0,009	0,991	0,002	1,000	0,022	-0,699	0,236	0,293	
-24,0	-0,232	0,28307		0,009	0,991	0,002	0,997	0,022	-0,820	0,237	0,287	
-23,0	-0,257	0,25577		0,008	0,990	0,001	0,996	0,021	-1,007	0,238	0,282	
-22,0	-0,286	0,24481		0,008	0,990	0,001	0,996	0,021	-1,170	0,238	0,278	
-21,0	-0,319	0,22078		0,008	0,990	0,001	0,995	0,019	-1,445	0,238	0,274	
-20,0	-0,356	0,20489		0,007	0,989	0,001	0,995	0,018	-1,737	0,239	0,270	
-19,0	-0,397	0,18938		0,007	0,987	0,001	0,995	0,016	-2,096	0,241	0,267	
-18,0	-0,442	0,17417		0,006	0,986	0,001	0,995	0,015	-2,540	0,244	0,264	
-17,0	-0,492	0,15658		0,006	0,985	0,002	0,995	0,016	-3,142	0,243	0,262	
-16,0	-0,544	0,13749		0,006	0,984	0,002	0,995	0,014	-3,956	0,240	0,260	
-15,0	-0,597	0,12971		0,005	0,982	0,002	0,995	0,011	-4,601	0,239	0,258	
-14,0	-0,647	0,11193		0,004	0,981	0,003	0,994	0,008	-5,785	0,240	0,257	
-13,0	-0,692	0,09827		0,004	0,979	0,003	0,993	0,007	-7,046	0,243	0,256	
-12,0	-0,727	0,08510		0,004	0,978	0,004	0,993	0,009	-8,544	0,242	0,255	
-11,0	-0,746	0,07486		0,004	0,976	0,004	0,993	0,009	-9,968	0,204	0,255	
-10,0	-0,738	0,06470		0,003	0,971	0,004	0,995	0,010	-11,402		0,264	0,255
-9,0	-0,706	0,05681		0,003	0,965	0,005	0,995	0,011	-12,430		0,291	0,254
-8,0	-0,821	0,00996		0,007	0,959	0,005	0,996	0,990	-82,492		0,318	0,258
-7,0	-0,749	0,00916		0,006	0,949	0,005	1,000	0,995	-81,770		0,261	0,258
-6,0	-0,662	0,00853		0,005	0,939	0,006	1,000	0,998	-77,570		0,259	0,258
-5,0	-0,564	0,00901		0,004	0,918	0,008	1,000	0,998	-62,622		0,258	0,258
-4,0	-0,458	0,00826		0,003	0,883	0,019	1,000	0,998	-55,438		0,258	0,258
-3,0	-0,347	0,00597		0,003	0,855	0,317	1,000	0,998	-58,095		0,258	0,258
-2,0	-0,232	0,00530		0,002	0,830	0,436	1,000	0,998	-43,768		0,258	0,258
-1,0	-0,116	0,00504		0,001	0,740	0,541	1,000	0,998	-23,059		0,258	0,257
0,0	-0,000	0,00488		-0,000	0,656	0,656	1,000	0,999	-0,000	0,257	0,250	

1,0	0,116	0,00504	-0,001	0,541	0,740	1,000	0,999	23,066	0,258	0,257
2,0	0,232	0,00530	-0,002	0,436	0,830	1,000	0,998	43,786	0,258	0,258
3,0	0,347	0,00597	-0,003	0,317	0,855	1,000	0,998	58,120	0,258	0,258
4,0	0,458	0,00826	-0,003	0,019	0,883	1,000	0,998	55,459	0,258	0,258
5,0	0,564	0,00901	-0,004	0,008	0,918	1,000	0,998	62,648	0,258	0,258
6,0	0,662	0,00853	-0,005	0,006	0,939	1,000	0,998	77,605	0,259	0,258
7,0	0,749	0,00916	-0,006	0,005	0,949	0,995	0,998	81,770	0,261	0,258
8,0	0,821	0,00996	-0,007	0,005	0,959	0,990	0,996	82,492	0,318	0,258
9,0	0,706	0,05681	-0,003	0,005	0,965	0,011	0,995	12,430	0,291	0,254
10,0	0,738	0,06470	-0,003	0,004	0,971	0,010	0,995	11,402	0,264	0,255
11,0	0,746	0,07486	-0,004	0,004	0,976	0,009	0,993	9,968	0,204	0,255
12,0	0,727	0,08510	-0,004	0,004	0,978	0,009	0,993	8,544	0,242	0,255
13,0	0,692	0,09827	-0,004	0,003	0,979	0,007	0,993	7,046	0,243	0,256
14,0	0,647	0,11193	-0,004	0,003	0,981	0,008	0,994	5,785	0,240	0,257
15,0	0,597	0,12971	-0,005	0,002	0,982	0,011	0,995	4,601	0,239	0,258
16,0	0,544	0,13749	-0,006	0,002	0,984	0,014	0,995	3,956	0,240	0,260
17,0	0,492	0,15658	-0,006	0,002	0,985	0,016	0,995	3,142	0,243	0,262
18,0	0,442	0,17417	-0,006	0,001	0,986	0,015	0,995	2,540	0,244	0,264
19,0	0,397	0,18938	-0,007	0,001	0,987	0,016	0,995	2,096	0,241	0,267
20,0	0,356	0,20489	-0,007	0,001	0,989	0,018	0,995	1,737	0,239	0,270
21,0	0,319	0,22078	-0,008	0,001	0,990	0,019	0,995	1,445	0,238	0,274
22,0	0,286	0,24481	-0,008	0,001	0,990	0,021	0,996	1,170	0,238	0,278
23,0	0,257	0,25577	-0,008	0,001	0,990	0,021	0,996	1,007	0,238	0,282
24,0	0,232	0,28307	-0,009	0,002	0,991	0,022	0,997	0,820	0,237	0,287
25,0	0,210	0,29983	-0,009	0,002	0,991	0,022	0,998	0,699	0,236	0,293
26,0	0,190	0,32306	-0,009	0,002	0,991	0,023	0,997	0,588	0,235	0,299
27,0	0,172	0,34925	-0,010	0,002	0,992	0,023	0,998	0,494	0,234	0,305
28,0	0,157	0,36742	-0,010	0,002	0,992	0,023	0,998	0,427	0,233	0,312
29,0	0,143	0,40035	-0,010	0,002	0,992	0,023	0,998	0,358	0,230	0,320
30,0	0,131	0,42917	-0,010	0,002	0,993	0,024	0,998	0,306	0,229	0,328

NACA 0009 Re 1000000 Wasser

x/l	y/l	v/V	δ_1	δ_2	δ_3	$Re\delta_2$	C_f	H_{12}	H_{32}	Zust.	y1
[-]	[-]	[-]	[-]	[-]	[-]	[-]	[-]	[-]	[-]	[-]	[%]
1,0000	0,0000	0,1252	0,014139	0,003419	0,007125	42,8	0,0000	4,1356	2,0840	abgel.	0,0000
0,9973	0,0003	0,8000	0,014139	0,003419	0,007125	273,5	0,0000	4,1356	2,0840	turb.	0,0000
0,9891	0,0012	0,8911	0,007011	0,003613	0,005693	333,6	0,0021	1,9407	1,5759	turb.	0,0309
0,9755	0,0026	0,9242	0,005867	0,003225	0,005168	306,1	0,0026	1,8195	1,6027	turb.	0,0279
0,9568	0,0045	0,9493	0,005458	0,003028	0,004864	291,4	0,0027	1,8028	1,6067	turb.	0,0274
0,9330	0,0068	0,9630	0,004876	0,002756	0,004452	271,1	0,0029	1,7689	1,6152	turb.	0,0265
0,9045	0,0096	0,9836	0,004776	0,002625	0,004207	260,3	0,0027	1,8195	1,6028	turb.	0,0274
0,8716	0,0126	0,9920	0,004431	0,002403	0,003837	242,6	0,0026	1,8444	1,5972	turb.	0,0277
0,8346	0,0160	1,0100	0,004563	0,002296	0,003599	233,3	0,0021	1,9872	1,5673	turb.	0,0307
0,7939	0,0194	1,0162	0,004633	0,002145	0,003297	220,6	0,0017	2,1603	1,5371	turb.	0,0347
0,7500	0,0230	1,0286	0,006990	0,002017	0,003069	209,7	0,0005	3,4652	1,5213	lam.	0,0640
0,7034	0,0266	1,0394	0,006113	0,001903	0,002910	199,6	0,0009	3,2125	1,5293	lam.	0,0485
0,6545	0,0301	1,0493	0,005698	0,001801	0,002758	190,5	0,0010	3,1636	1,5313	lam.	0,0454
0,6040	0,0334	1,0579	0,005004	0,001676	0,002581	179,2	0,0014	2,9860	1,5404	lam.	0,0380
0,5523	0,0365	1,0692	0,004684	0,001573	0,002425	169,6	0,0015	2,9768	1,5409	lam.	0,0367
0,5000	0,0392	1,0777	0,004278	0,001461	0,002257	159,0	0,0017	2,9271	1,5441	lam.	0,0342
0,4477	0,0415	1,0880	0,003759	0,001337	0,002075	147,0	0,0022	2,8124	1,5525	lam.	0,0301
0,3960	0,0433	1,1000	0,003329	0,001219	0,001901	135,3	0,0027	2,7305	1,5594	lam.	0,0273
0,3455	0,0444	1,1101	0,003077	0,001119	0,001743	124,9	0,0028	2,7503	1,5576	lam.	0,0266
0,2966	0,0447	1,1165	0,002727	0,001006	0,001570	113,2	0,0033	2,7113	1,5611	lam.	0,0246
0,2500	0,0443	1,1257	0,002356	0,000892	0,001398	101,2	0,0041	2,6420	1,5676	lam.	0,0222
0,2061	0,0431	1,1348	0,002072	0,000787	0,001234	89,7	0,0047	2,6324	1,5685	lam.	0,0207
0,1654	0,0410	1,1392	0,001757	0,000679	0,001068	77,6	0,0057	2,5876	1,5730	lam.	0,0187
0,1284	0,0381	1,1437	0,001483	0,000578	0,000910	66,1	0,0069	2,5664	1,5755	lam.	0,0170
0,0955	0,0344	1,1437	0,001213	0,000474	0,000747	54,1	0,0086	2,5584	1,5764	lam.	0,0153
0,0670	0,0300	1,1401	0,000909	0,000365	0,000579	41,4	0,0123	2,4871	1,5851	lam.	0,0127
0,0432	0,0250	1,1339	0,000649	0,000268	0,000428	29,7	0,0190	2,4165	1,5942	lam.	0,0103
0,0245	0,0194	1,1044	0,000385	0,000168	0,000272	17,5	0,0385	2,2842	1,6127	lam.	0,0072
0,0109	0,0133	1,0299	0,000205	0,000092	0,000149	6,7	0,1059	2,2352	1,6202	lam.	0,0043
0,0027	0,0068	0,7721	0,000200	0,000089	0,000145	0,5	0,0001	2,2364	1,6200	lam.	0,1414
0,0000	0,0000	0,0000	0,000001	0,000000	0,000001	0,0	0,0000	2,2364	1,6200	lam.	0,0000
0,0027	-0,0068	0,7721	0,000200	0,000089	0,000145	0,5	0,0001	2,2364	1,6200	lam.	0,1414
0,0109	-0,0133	1,0299	0,000205	0,000092	0,000149	6,7	0,1059	2,2352	1,6202	lam.	0,0043
0,0245	-0,0194	1,1044	0,000385	0,000168	0,000272	17,5	0,0385	2,2842	1,6127	lam.	0,0072
0,0432	-0,0250	1,1339	0,000649	0,000268	0,000428	29,7	0,0190	2,4165	1,5942	lam.	0,0103
0,0670	-0,0300	1,1401	0,000909	0,000365	0,000579	41,4	0,0123	2,4871	1,5851	lam.	0,0127
0,0955	-0,0344	1,1437	0,001213	0,000474	0,000747	54,1	0,0086	2,5584	1,5764	lam.	0,0153
0,1284	-0,0381	1,1437	0,001483	0,000578	0,000910	66,1	0,0069	2,5664	1,5755	lam.	0,0170
0,1654	-0,0410	1,1392	0,001757	0,000679	0,001068	77,6	0,0057	2,5876	1,5730	lam.	0,0187
0,2061	-0,0431	1,1348	0,002072	0,000787	0,001234	89,7	0,0047	2,6324	1,5685	lam.	0,0207
0,2500	-0,0443	1,1257	0,002356	0,000892	0,001398	101,2	0,0041	2,6420	1,5676	lam.	0,0222
0,2966	-0,0447	1,1165	0,002727	0,001006	0,001570	113,2	0,0033	2,7113	1,5611	lam.	0,0246
0,3455	-0,0444	1,1101	0,003077	0,001119	0,001743	124,9	0,0028	2,7503	1,5576	lam.	0,0266
0,3960	-0,0433	1,1000	0,003329	0,001219	0,001901	135,3	0,0027	2,7305	1,5594	lam.	0,0273
0,4477	-0,0415	1,0880	0,003759	0,001337	0,002075	147,0	0,0022	2,8124	1,5525	lam.	0,0301
0,5000	-0,0392	1,0777	0,004278	0,001461	0,002257	159,0	0,0017	2,9271	1,5441	lam.	0,0342
0,5523	-0,0365	1,0692	0,004684	0,001573	0,002425	169,6	0,0015	2,9768	1,5409	lam.	0,0367
0,6040	-0,0334	1,0579	0,005004	0,001676	0,002581	179,2	0,0014	2,9860	1,5404	lam.	0,0380
0,6545	-0,0301	1,0493	0,005698	0,001801	0,002758	190,5	0,0010	3,1636	1,5313	lam.	0,0454
0,7034	-0,0266	1,0394	0,006113	0,001903	0,002910	199,6	0,0009	3,2125	1,5293	lam.	0,0485

0,7500	-0,0230	1,0286	0,006990	0,002017	0,003069	209,7	0,0005	3,4652	1,5213	lam.	0,0640
0,7939	-0,0194	1,0162	0,004633	0,002145	0,003297	220,6	0,0017	2,1603	1,5371	turb.	0,0347
0,8346	-0,0160	1,0100	0,004563	0,002296	0,003599	233,3	0,0021	1,9872	1,5673	turb.	0,0307
0,8716	-0,0126	0,9920	0,004431	0,002403	0,003837	242,6	0,0026	1,8444	1,5972	turb.	0,0277
0,9045	-0,0096	0,9836	0,004776	0,002625	0,004207	260,3	0,0027	1,8195	1,6028	turb.	0,0274
0,9330	-0,0068	0,9630	0,004876	0,002756	0,004452	271,1	0,0029	1,7689	1,6152	turb.	0,0265
0,9568	-0,0045	0,9493	0,005458	0,003028	0,004864	291,4	0,0027	1,8028	1,6067	turb.	0,0274
0,9755	-0,0026	0,9242	0,005867	0,003225	0,005168	306,1	0,0026	1,8195	1,6027	turb.	0,0279
0,9891	-0,0012	0,8911	0,007011	0,003613	0,005693	333,6	0,0021	1,9407	1,5759	turb.	0,0309
0,9973	-0,0003	0,8000	0,014139	0,003419	0,007125	273,5	0,0000	4,1356	2,0840	turb.	0,0000
1,0000	0,0000	0,1252	0,014139	0,003419	0,007125	42,8	0,0000	4,1356	2,0840	abgel.	0,0000

α	Ca	Cw	Cm 0.25		T.U.	T.L.	S.U.	S.L.	GZ	N.P.	D.P.
[°]	[-]	[-]	[-]	[-]	[-]	[-]	[-]	[-]	[-]	[-]	
-29,0	-0,206	0,41484		0,011	0,991	0,001	0,994	0,022	-0,498	0,236	0,304
-28,0	-0,225	0,39253		0,011	0,991	0,001	0,994	0,022	-0,574	0,235	0,298
-27,0	-0,246	0,35732		0,010	0,991	0,001	0,993	0,021	-0,689	0,235	0,292
-26,0	-0,270	0,34629		0,010	0,991	0,001	0,994	0,021	-0,780	0,237	0,288
-25,0	-0,297	0,32555		0,010	0,991	0,001	0,994	0,020	-0,911	0,237	0,283
-24,0	-0,326	0,29784		0,009	0,991	0,001	0,993	0,019	-1,096	0,240	0,279
-23,0	-0,360	0,27561		0,009	0,990	0,001	0,993	0,020	-1,306	0,240	0,275
-22,0	-0,397	0,24888		0,009	0,990	0,001	0,993	0,018	-1,595	0,241	0,272
-21,0	-0,438	0,23079		0,008	0,990	0,002	0,992	0,019	-1,898	0,241	0,269
-20,0	-0,483	0,20904		0,008	0,990	0,002	0,992	0,017	-2,311	0,239	0,266
-19,0	-0,531	0,19007		0,007	0,989	0,002	0,992	0,015	-2,796	0,238	0,264
-18,0	-0,583	0,16861		0,007	0,987	0,002	0,992	0,012	-3,455	0,236	0,262
-17,0	-0,635	0,15326		0,006	0,985	0,003	0,992	0,008	-4,143	0,240	0,259
-16,0	-0,688	0,13591		0,006	0,983	0,003	0,993	0,009	-5,060	0,246	0,258
-15,0	-0,737	0,12050		0,005	0,981	0,003	0,992	0,009	-6,117	0,244	0,257
-14,0	-0,779	0,10667		0,005	0,979	0,004	0,992	0,010	-7,307	0,242	0,257
-13,0	-0,811	0,09322		0,005	0,977	0,004	0,992	0,010	-8,701	0,248	0,256
-12,0	-0,822	0,08239		0,005	0,973	0,004	0,992	0,018	-9,978	4,446	0,256
-11,0	-0,811	0,07089		0,005	0,968	0,005	0,993	0,033	-11,443	0,235	0,257
-10,0	-0,790	0,05963		0,006	0,963	0,005	0,993	0,069	-13,252	0,282	0,257
-9,0	-0,914	0,01338		0,009	0,959	0,005	0,993	0,972	-68,320	0,285	0,259
-8,0	-0,850	0,01031		0,008	0,940	0,006	0,996	0,990	-82,484	0,263	0,259
-7,0	-0,769	0,00931		0,007	0,926	0,007	0,997	0,993	-82,511	0,261	0,259
-6,0	-0,675	0,00855		0,006	0,917	0,009	0,997	0,995	-78,953	0,260	0,259
-5,0	-0,573	0,00786		0,005	0,907	0,018	0,997	0,996	-72,865	0,259	0,258
-4,0	-0,464	0,00735		0,004	0,859	0,042	1,000	0,998	-63,042	0,259	0,258
-3,0	-0,350	0,00618		0,003	0,843	0,295	1,000	0,998	-56,681	0,258	0,258
-2,0	-0,234	0,00561		0,002	0,767	0,419	1,000	0,998	-41,727	0,258	0,258
-1,0	-0,117	0,00516		0,001	0,717	0,534	1,000	0,998	-22,725	0,258	0,258
0,0	0,000	0,00508		-0,000	0,628	0,628	1,000	0,998	0,000	0,258	0,250
1,0	0,117	0,00516		-0,001	0,534	0,717	1,000	0,998	22,734	0,258	0,258
2,0	0,234	0,00561		-0,002	0,419	0,767	1,000	0,998	41,743	0,258	0,258
3,0	0,350	0,00618		-0,003	0,295	0,843	1,000	0,998	56,704	0,258	0,258
4,0	0,464	0,00735		-0,004	0,042	0,859	1,000	0,998	63,074	0,259	0,258
5,0	0,573	0,00786		-0,005	0,018	0,907	0,996	0,997	72,865	0,259	0,258
6,0	0,675	0,00855		-0,006	0,009	0,917	0,995	0,997	78,953	0,260	0,259

7,0	0,769	0,00931	-0,007	0,007	0,926	0,993	0,997	82,511	0,261	0,259
8,0	0,850	0,01031	-0,008	0,006	0,940	0,990	0,996	82,484	0,263	0,259
9,0	0,914	0,01338	-0,009	0,005	0,959	0,972	0,993	68,320	0,285	0,259
10,0	0,790	0,05963	-0,006	0,005	0,963	0,069	0,993	13,252	0,282	0,257
11,0	0,811	0,07089	-0,005	0,005	0,968	0,033	0,993	11,443	0,235	0,257
12,0	0,822	0,08239	-0,005	0,004	0,973	0,018	0,992	9,978	4,446	0,256
13,0	0,811	0,09322	-0,005	0,004	0,977	0,010	0,992	8,701	0,248	0,256
14,0	0,779	0,10667	-0,005	0,004	0,979	0,010	0,992	7,307	0,242	0,257
15,0	0,737	0,12050	-0,005	0,003	0,981	0,009	0,992	6,117	0,244	0,257
16,0	0,688	0,13591	-0,006	0,003	0,983	0,009	0,993	5,060	0,246	0,258
17,0	0,635	0,15326	-0,006	0,003	0,985	0,008	0,992	4,143	0,240	0,259
18,0	0,583	0,16861	-0,007	0,002	0,987	0,012	0,992	3,455	0,236	0,262
19,0	0,531	0,19007	-0,007	0,002	0,989	0,015	0,992	2,796	0,238	0,264
20,0	0,483	0,20904	-0,008	0,002	0,990	0,017	0,992	2,311	0,239	0,266
21,0	0,438	0,23079	-0,008	0,002	0,990	0,019	0,992	1,898	0,241	0,269
22,0	0,397	0,24888	-0,009	0,001	0,990	0,018	0,993	1,595	0,241	0,272
23,0	0,360	0,27561	-0,009	0,001	0,990	0,020	0,993	1,306	0,240	0,275
24,0	0,326	0,29784	-0,009	0,001	0,991	0,019	0,993	1,096	0,240	0,279
25,0	0,297	0,32555	-0,010	0,001	0,991	0,020	0,994	0,911	0,237	0,283
26,0	0,270	0,34629	-0,010	0,001	0,991	0,021	0,994	0,780	0,237	0,288
27,0	0,246	0,35732	-0,010	0,001	0,991	0,021	0,993	0,689	0,235	0,292
28,0	0,225	0,39253	-0,011	0,001	0,991	0,022	0,994	0,574	0,235	0,298
29,0	0,206	0,41484	-0,011	0,001	0,991	0,022	0,994	0,498	0,234	0,304
30,0	0,190	0,44053	-0,011	0,002	0,992	0,023	0,995	0,430	0,231	0,310

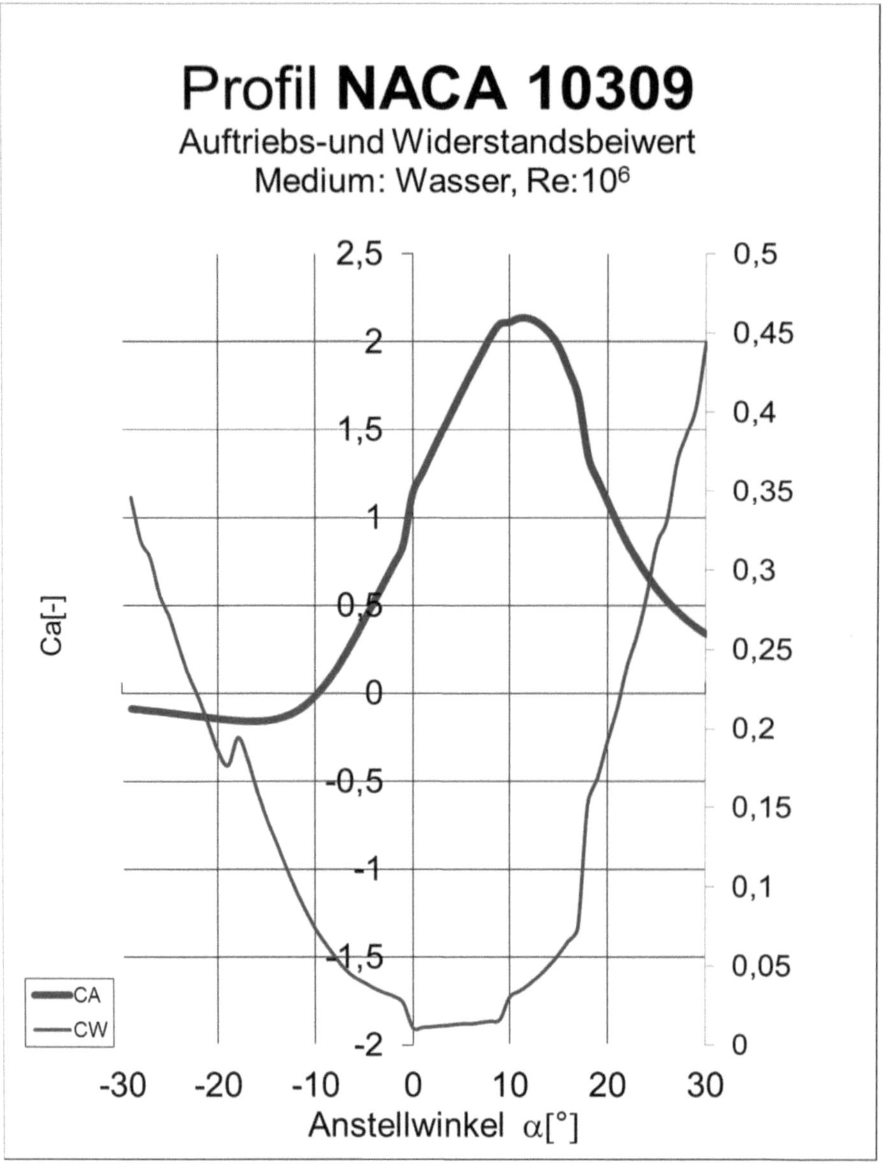
Profil NACA 10309
Auftriebs-und Widerstandsbeiwert
Medium: Wasser, Re:10^6
Ca[-]
2,5
2
1,5
1
0,5
0
-0,5
-1
-1,5
-2
0,5
0,45
0,4
0,35
0,3
0,25
0,2
0,15
0,1
0,05
0
CA
CW
-30
-20
-10
0
10
20
30
Anstellwinkel α[°]

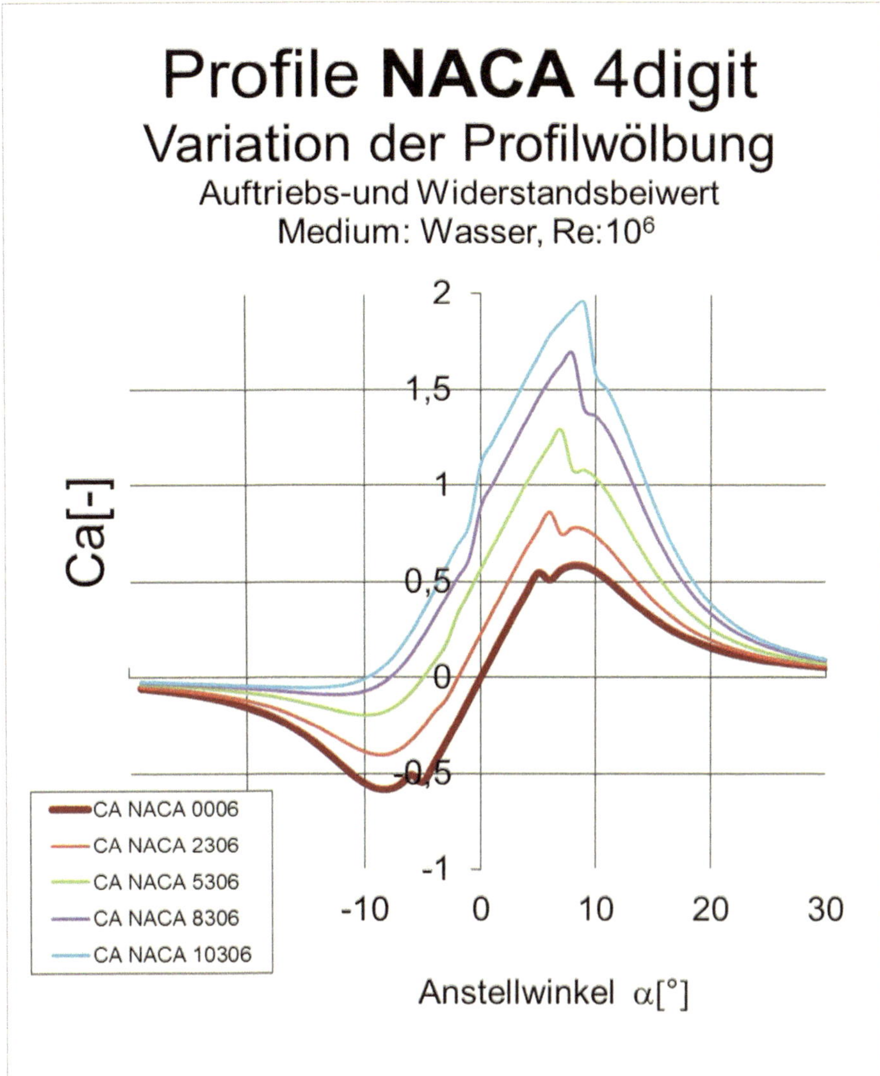

Profile NACA 4digit
Variation der Profilwölbung
Auftriebs-und Widerstandsbeiwert
Medium: Wasser, Re:10^6
Ca[-]
2
1,5
1
0,5
0
-0,5
-1
-10
0
10
20
30
Anstellwinkel α[°]
CA NACA 0006
CA NACA 2306
CA NACA 5306
CA NACA 8306
CA NACA 10306